はじめに

人の身近に暮らす野鳥として、スズメ、ハトなどと並んで名前が挙がることの多いカラス。ただ、そのイメージは他の鳥と比べると体色と同じかなりダーク、というかカラスには失礼ですがはっきりいって嫌われ者です。ゴミを漁（あさ）る、人を攻撃してくるらしい、なんだか縁起が悪そう──真偽のほどはさておき、カラスの悪評は枚挙にいとまがありません。
　しかしそれは、カラスに関する情報不足からくる人間の思い込み、偏見です！
　力強く、かつ軽妙な筆致でカラスの名誉挽回につながる生態とその行動の背景を、カラス、ひいては生物全般へのあふれる想いと好奇心とともに伝えてくれたのが、2013年刊行の書籍『カラスの教科書』でした。本書ではその著者で動物行動学者の松原始先生の監修により、写真家・宮本桂さんのとらえたカラスの多彩な表情を解説とともに紹介していきます。「カッコイイ！」「かわいい♪」「知らなかった〜」カラスの姿に出会い、カラスとその周囲の生物、環境などに対してさらなる理解を育んでいただけましたら幸いです。

巻頭スペシャル

日本で会える！(かもしれない) カラスたち

写真：宮本桂 ※クレジット表記のあるものを除く。

ハシブトガラス（→ P6）

↓オサハシブトガラス（留鳥）

ハシブトガラスの亜種。沖縄・八重山地方に分布。ハシブトガラスより小型。
写真：松原始

↓ミヤマガラス（渡り鳥）

全長：約47センチメートル、体重：300〜500グラム
写真：松原始

カラスについての基礎知識や各種雑学はPART1以降でおいおい深めていただくとして、ここではまず日本で現在確認されているカラスたちをご紹介。「え、カラスって何種類もいるの?」と思った人、そう、いるんです!

↑コクマルガラス(渡り鳥)
全長:約33センチメートル、体重:150〜270グラム
※ここでは一般に「カラス」と呼ばれるカラス属として紹介していますが、カラス属とは別の属とする説もあります。
写真:中村眞樹子

↑ワタリガラス(渡り鳥)
全長:約63センチメートル、体重:約1キログラム
写真:松原始

ハシボソガラス(→P7)

ハシブトガラス（留鳥）

全長：約 56 センチメートル
体重：600 〜 800 グラム
※全長…くちばしの先から尾の先までの長さ

ハシボソガラス（留鳥）
全長：約 50 センチメートル
体重：400〜600 グラム

※本書では、特に断らずに「カラス」としている場合はカラス一般、特にハシブトガラスとハシボソガラスを指すことにしておきます。

にっぽんのカラスを描いた詩歌

七つの子

野口雨情 作詞
本居長世 作曲

烏 なぜ啼くの
烏は山に
可愛（かわいい）七つの
子があるからよ

可愛 可愛と
烏は啼くの
可愛 可愛と
啼くんだよ

山の古巣へ
行って見て御覧
丸い眼をした
いい子だよ

初出：大正10（1921）年刊行の児童文学雑誌『金の船』7月号

野口雨情（のぐちうじょう）
1882-1945。詩人、童謡・民謡作詞家。藤井清水や中山晋平や本居長世といった作曲家と組んで多くの名作を生み出し、北原白秋、西條八十とともに童謡界の三大詩人とうたわれた。

本居長世（もとおりながよ）
1885-1945。童謡作曲家。代表作は「七つの子」と同じく野口雨情と組んだ「赤い靴」「十五夜お月さん」、作詞も自身で手がけた「汽車ぽっぽ」などがある。

ここでは日本最古の歌集に収められたカラスが登場する作品、長年親しまれてきたカラスがテーマの童謡、作者の視線をたどれるような描写が印象的な詩をピックアップ。それぞれのカラスを感じてみてください。

『万葉集』収録の4首

〈一二六三〉
暁跡 夜烏雖鳴 此山上之 木末之於者 未静之 ──作者不明（古詞集より）
【訓読】暁（あかとき）と夜烏鳴けどこの山上（みね）の木末（こぬれ）の上はいまだ静けし
【訳例】朝が明けるとからすが鳴いているけれど、この山の上のこずえの上は（烏が来て鳴くこともなく）まだ静かです。

〈三〇九五〉
朝烏 早勿鳴 吾背子之 旦開之容儀 見者悲毛 ──作者不明
【訓読】朝烏早くな鳴きそ我が背子が朝明（あさけ）の姿見れば悲しも
【訳例】からすよ、そんなに朝早くから鳴かないでおくれ。あの方が朝が明けたと帰る姿を見るのはつらいから。

〈三五二一〉
可良須等布 於保乎曽杼里能 麻左伝尓毛 伎麻左奴伎美乎 許呂久等曽奈久 ──作者不明
【訓読】烏とふ大（おほ）をそ鳥のまさでにも来まさぬ君をころくとぞ鳴く
【訳例】そそっかしくて嘘つきのからすが本当はいらっしゃらないあの方のことを「来るよ」と鳴いています。

〈三八五六〉
波羅門乃 作有流小田乎 喫烏 瞼腫而 幡幢尓居 ──高宮王（たかみやのおおきみ）
【訓読】波羅門（ばらもん）の作れる小田を食（は）む烏瞼（まなぶた）腫れて幡桙（はたほこ）に居り
【訳例】婆羅門僧正が作った田を食い荒らしたからすが瞼を腫らして幡桙（飾り布を掲げたさお）にとまっています。

万葉集（まんようしゅう）7世紀後半から8世紀後半にかけて、天皇、貴族、下級官人、防人などさまざまな身分の人が詠んだ歌を4500首以上集めて編まれた、日本に現存する最古の和歌集。成立は759年（天平宝字3）年以後とみられている。

9

にっぽんのカラスを描いた詩歌

烏百態　宮沢賢治

雪のたんぼのあぜみちを
ぞろぞろあるく烏なり

雪のたんぼに身を折りて
二声鳴けるからすなり

雪のたんぼに首を垂れ
雪をついばむ烏なり

雪のたんぼに首をあげ
あたり見まはす烏なり

雪のたんぼの雪の上
よちよちあるくからすなり

雪のたんぼを行きつくし
雪をついばむからすなり

たんぼの雪の高みにて
口をひらきしからすなり

たんぼの雪にくちばしを
じつとうづめしからすなり

雪のたんぼのかれ畦に
ぴよんと飛びたるからすなり

雪のたんぼをかぢとりて
ゆるやかに飛ぶからすなり

雪のたんぼをつぎつぎに
西へ飛びたつ烏なり

雪のたんぼに残されて
脚をひらきしからすなり

西にとび行くからすらは
あたかもごまのごとくなり

「新修宮沢賢治全集　第6巻　詩 5」
（宮沢賢治 著、宮沢清六他 編纂、筑摩書房）より

宮沢賢治（みやざわけんじ）
1896 -1933。詩人、童話作家。岩手県花巻に生まれ、仏教（法華経）信仰と農民生活に根ざした創作を行う。生前発表されたのは詩集『春と修羅』と童話短編集『注文の多い料理店』で、没後に草野心平らの尽力により作品群が広く知られることとなった。代表作に「雨ニモマケズ」「銀河鉄道の夜」「風の又三郎」ほか。

写真：中村眞樹子

もくじ

はじめに 2

巻頭スペシャル
日本で会える！(かもしれない)
カラスたち 4
にっぽんのカラスを描いた詩歌 8

PART1
カラススタイル 14

〈COLUMN ❶〉
カラスと光り物 32

PART2
カラスの復習 33

PART3
カラスライフ 66
　特別収録　カラスライフ in 札幌 100
Special Interview
　中村眞樹子(NPO法人 札幌カラス研究会 主宰) 105

〈COLUMN ❷〉
カラスが向かってくると
どれくらい怖いか 109

〈COLUMN ❸〉
カラスの葬式と裁判 110

PART4
カラスの研究 111

〈COLUMN ❹〉
カラスを食べてみる 132

Welcome!
カラスファンクラブ 133

Key Person Interview
　宮崎学（写真家）......... 134
　吉野かぁこ（カラス友の会 主宰）......... 135
Books .... 136 ／ Various Goods 138

Staff Comments
　宮本桂 .... 140 ／大橋裕之 141

おわりに　松原始 142

※本書掲載の宮本桂さんの写真は、2008年から2017年にかけて神奈川県および三重県で撮影されたものです。撮影地の環境により、ハシブトガラスよりもハシボソガラスのほうが多くなっています。

PART 1 カラス○●スタイル

写真：宮本桂 ※クレジット表記のあるものを除く。

餌めあてに人に寄ってくるハトや双眼鏡越しなどであれば例外もありますが、カラスに限らずとかく野鳥の観察は難しいものです。ましてや飛翔時における姿勢や羽の操り方など人の目ではとてもとらえられません。ここではそんなカラスの"一瞬"がわかる写真を視点別に集めてみました。

前から

Front
ハシブトガラスとハシボソガラスの見分けは、真正面からだとかなり難易度が増します。ちなみに幼鳥の口の中は赤く（左下写真）、成鳥になると黒くなります。

横から（ハシブトガラス）

Side

ハシブトガラスとハシボソガラスの名前の「ハシ」はくちばしのこと。その名が示すように両者の見分けはくちばしがポイントです。ハシボソと比べるとハシブトのくちばしは太く（上下幅＝高さがあり）、峰から落ちるようにカーブを描くアール状になっています。また、一般にブトの頭はボソより丸いともいわれますが、ブトの頭の羽毛が寝たり、逆にボソの羽毛が逆立ったりすると参考にならなくなります。

下段中写真：中村眞樹子

横から（ハシボソガラス）

耳はこのへん　目　鼻はこのへん
つばさ
くちばし
尾羽
足

ここでカラスの体の部位の名前を紹介しておくよ

※鳥類や爬虫類にはまぶたとは別に、目の内側から水平方向に瞬間的に出てくる「瞬膜」があります。これは眼球を保護するための透明または半透明の膜で、目が白く見える写真（→ P74-75 ほか）はこの「瞬膜」が閉じている状態です。

Side

ハシブトガラスとハシボソガラスの見分けは、外見の特徴だけでは難しいこともあるため、生息環境、鳴き声、しぐさや動き方など、いくつかの要素から判断することになります。動きはハシブトのほうがダイナミック（大雑把？）で、ハシボソは繊細とされており、地上での移動ではピョンピョン跳ぶことが多いブトに対し、ボソはテクテクとよく歩きます。見かけたら観察してみてください。

下段左写真：中村眞樹子

後ろから

Back

粋な江戸っ子的和服男性を思わせる左上写真をはじめ、それぞれ表情の異なる後ろ姿。右上写真は総排泄口（鳥類の排泄物はすべてここから）がわかる珍しい一枚。

上から

つばさの羽には役割がわかる名前がついているよ

❶初列風切（しょれつかざきり）…推力（*）と揚力（**）をコントロールする。
❷次列風切（じれつかざきり）…推力（*）と揚力（**）をコントロールする。
❸小翼羽（しょうよくう）…角度を変えることで、空気の流れを整える。
❹初列雨覆（しょれつあまおおい）…❶〜❸を覆って守る。
❺大雨覆（おおあまおおい）…❶〜❸を覆って守る。
❻小雨覆（しょうあまおおい）…❶〜❸を覆って守る。
*進みたい方向に推し進める力 **風を利用して浮く力。

下から

飛翔時

ハシボソガラスの飛翔

羽ばたきの際の振り下ろし、振り上げはハシブトよりも大きいといわれています。

ハシブトガラスの飛翔

COLUMN ❶

文：松原始

カラスと光り物

　カラスは光り物が好き……いつのころからか言われていることですが、どうなんでしょう？

　シートンは「動物記」の中で、カラスが銀貨やガラスの欠片などの光り物を集めて隠しておき、時々、取り出して遊ぶと書いています。この辺から広まった話ではないかと思います。

　確かにビー玉を拾っては落としているカラスを見たことはあります。ただ、その理由はわかりません。それに、カラスが拾うのは光り物だけではありません。鳥の羽を拾ったり、空き缶をつついたり、いろんなものに興味を示します。ビー玉もその一つではあるものの、特に「光るから好き」という証拠は、ないような気がします。また、そんなに「玩具」をやたらに隠しているわけでもありません。

　考えてみればカラス避けとしてCDを吊るしたりしますし、金属テープで強く光を反射させる防鳥グッズもあります。単純に「光るものが好き」なら、CDを見て寄ってきてしまいそうです。

　もちろん、好き／嫌いには閾値というものがあります。爆音で音楽を楽しむ人にしても、限界を越えた騒音には耐えられないでしょう。ビー玉程度の小さな光り物ならいいが、あまりにギラギラ光るものは嫌、ということはあり得ます。ただ、結構微妙な差だよな……とも思うのです。

　カラスの古巣に光り物が見つかることがあるようですが、鳥の巣は子育てのためにあり、人間の「家」とは違います。ですので、これも「人間が自分の家に趣味のコレクションを持っている」のと同列には解釈できないように思います。使い終わった巣を隠し場所として使った、というようなことなら、あるかもしれません。石ころなどが見つかることもあり、「人間を爆撃するためにストックしている」というコメントを見たことがありますが、これはまったくの誤解です。カラスは怒ると手近にある葉っぱや枝をちぎって落とすことはありますが、落ちた先のことは考えていません。たまたま人間の頭上で怒っている場合は上からいろいろ降ってきますが、単なる偶然です。まして「わざわざ持ってきて落とす」という行動はしません。

　もう一つ、よくわからないのがゴルフボールの盗難です。ゴルフ場ではしばしば、カラスがボールを持っていってしまいます。このボールは餌とまったく同じように、落ち葉の下などに隠されていることがわかっています。卵と見間違えた……というわけでもないのでしょうが、どうもカラスにとって非常に魅力的な餌に見えているように思えます。でも、ボールは食えません。そのことはわかっているはずなのに、それでも「やめられない、止まらない」なのでしょうか。

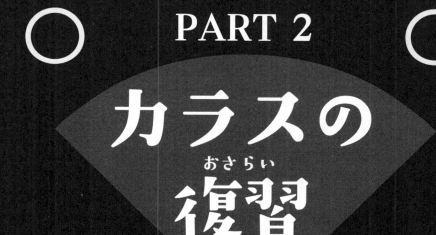

PART 2
カラスの復習(おさらい)

文：松原始

前章ではカラスたちの姿かたちを写真で再確認＆再発見していただきましたが、その生態についてはまだ「？」な人がほとんどかもしれません。この PART2 で、カラスの基本のキ的情報から日々の生活に活かせるナルホド雑学まで、カラスの基礎知識をしっかり押さえていきましょう。『カラスの教科書』読者は「復習」の意味でご一読を。同書を読んでいるとき他の面白要素に心奪われうっかり忘れていたカラス知識が定着することウケアイです。

01 カラスって何？

生物学の世界におけるカラス

　カラスは誰でも知っています。身近によく見かける鳥と言えば、スズメやハトと並んでカラスが思い浮かぶでしょう。でも、生物学的にいうと、標準和名でカラスという鳥はいません。「カラス」は「カラスの仲間」というグループを指す名前で、特定の1種を示すわけではないからです。私たちが見かけるカラスはすべて「なんとかガラス」で、何もつかないただの「カラス」という種はありません。

　標準和名というのは、日本語での「一応」正式な呼び名です。他の名で呼んではいけない、ということはありませんが、日本語の図鑑や論文の場合、標準和名を使うのがお約束となっています。

　生物学の世界で、本当に正式な名前は、ラテン語でつけられた学名です。1種に対してただ一つの名前が割り当てられているので、どの鳥を指しているか間違いなくわかります。学名はラテン語、少なくともラテン語化した単語と決められていて、スズメなら Passer montanus といい、「山のスズメ」という意味です。

　鳥類は全世界に約9000種います（分類の仕方によってはもっと増えます）。分類学でいうと、脊椎動物門の中の、鳥綱と呼ばれるグループが鳥です。鳥綱はペリカン目、ワシタカ目、ガンカモ目など、多くの目に分かれますが、カラスはスズメ目の鳥です。スズメ目は6000種を越える非常に大きなグループで、ツバメもモズもヒバリもウグイスもムクドリもスズメ目です。体重7グラムしかないエナガも、ニワトリほどもあるコトドリも、スズメ目の一員です。そのスズメ目の中のカラス科と呼ばれるグループが、広い意味での「カラスの仲間」となります。

　カラス科にはカケスやカササギの仲間も入り、230種ほどが含まれます。日本で見られるカラス科としては、いわゆるカラスのほかに、カケス、ルリカケス、カササ

ギ、オナガ、ホシガラスの5種があります。最近、台湾産のヤマムスメが愛媛県で繁殖していますが、これを日本産に含めれば6種となります。

いかにもカラスらしいカラス、誰が見てもカラスにしか見えないカラスは、カラス科の中のカラス属というグループです。日本語の、一般用語としての「カラス」はこのカラス属くらいの意味だと思えばいいでしょう。カラス属は世界に約40種います（約とつけたのは、分類が微妙で同種か別種か議論のある種があるからです）。

「カラス」という名前の由来は？

ところで、カラスはなぜ「カラス」と呼ばれているのでしょうか？

「す」は鳥を示す言葉だとされています。「から」はおそらく、カラスの鳴き声を模したものです。「から」、あるいは「ころ」と発音した可能性もありますが、どちらも何となく、カラスの声に似ています。この説が正しいとすると、カラスとは「カラカラと鳴く鳥」という意味になります。

他の説としては、「か」は「彼」で、「離れた向こう」の意味だという意見もあります。遠くのことを「彼方」、あの世のことを「彼岸」といいますが、その彼です。この説だと、カラスは「いつも遠くにいて、近づけない鳥」ということになるでしょう。実際、最近でこそカラスは人に馴れてずうずうしいほどですが、人里離れた場所のカラスは非常に用心深く、そう簡単には人間に近づきません。

でも、個人的には鳴き声なのかなー、と思っています。というのは、世界じゅうでカラスを意味する言葉はだいたい「クロ」とか「コル」とか「クラ」とか、KとRで始まることが多いのです。世界の誰が聞いてもカラスの声はカラスの声で、鳴き声にちなんで名前をつけたくなったんじゃないかな、と思うからです。

* IOC（国際鳥類会議）の最新の分類では、コクマルガラスとニシコクマルガラスは *Corvus* 属（カラス属）ではなく *Coloeus* 属に分類されており、狭い意味でのカラスではなくなっていますが、ここでは慣例的にカラスの仲間と見なしておきます。カラス属ではないにしても、カラス属に極めて近縁です。

02 日本にいるカラス

日本で確認された7種の内訳

　世界に40種ほどいるカラスの中で、私たちが普段見かけて「カラス」と呼んでいるのは、ハシブトガラスとハシボソガラスの2種だけです。もっとも「カラスにも種類がある」と知られていないこともありますし、パッと見てもどっちがどっちかよくわからないこともあります。この本の写真をじっくり眺めてから、外に出て練習してみてください。

　日本で記録されたカラス属は7種あります。まず、先ほどのハシブトガラス（*Corvus macrorhynchos*）とハシボソガラス（*Corvus corone*）。この2種は日本に広く分布しており、日本で繁殖して、冬も日本にいる留鳥です。市街地でゴミを漁って問題になるのも、この2種です。大きさはハシブトガラスで全長56センチ、ハシボソガラスで全長50センチほどになります。ただし、鳥なので体重は軽く、ハシブトでも800グラムほど、ハシボソなら600グラムあるかどうかでしょう。

　一方、冬だけ日本に越冬に来るカラスが3種います。ミヤマガラス、コクマルガラス、ワタリガラスです（＊）。

　ミヤマガラスとコクマルガラスは広い農地に来る鳥で、街中には来ません。この2種、昔は西日本に渡ってくるだけでしたが、次第に東にも広がり、今は日本じゅうで見ることができます。ミヤマガラスはユーラシアに広く分布し、日本に来る個体群は主に中国やロシアで繁殖しているようです。コクマルガラスも同じ地域から来ていると考えられます。ミヤマガラスはハシボソガラスよりわずかに小柄な程度ですが、コクマルガラスはハトほどの大きさで、うんと小さな鳥です。また、若い個体は黒いのですが、親鳥は白黒なのも特徴です。

　ワタリガラスは北海道に少数が渡ってくるだけで、なかなか見ることができません（本州でも一応、観察記録はありますが、ごく稀です）。世界的にはユーラシアから北

アメリカに広く分布します。全長は63センチもあり、ハシブトガラスより一回り大きな体をしています。ハシボソガラスと並ぶと、まるで大人と子どものようです。

　残る2種は迷鳥、つまり何かの間違いで日本に来てしまった鳥で、イエガラスとニシコクマルガラスです（写真）。イエガラスはインドから東南アジアに分布しますが、大阪で一度だけ見つかったことがあります。しばしば貨物船に密航しては世界のあちこちで繁殖している鳥なので、日本にも船に乗ってきたのでしょう。ニシコクマルガラスはロシア中央部からヨーロッパに広く分布しますが、何を間違ったのか東に向かって飛んだらしく、北海道で記録された例があります。

　ところで、日本人はかなり古くからカラスに種類があることに気づいていました。平安時代から鎌倉時代には、すでに「やまからす」「さとからす」という言葉が見られます。おそらく、山林に分布するハシブトガラスが「やまからす」で、農地に多いハシボソガラスが「さとからす」だったのでしょう。

　江戸時代にはすでに「はしぶとがらす」「はしぼそがらす」「みやまがらす」という呼び名がありました。もっともミヤマガラスはあまり知られていなかったらしく、江戸時代の図鑑には「筑紫（現在の北九州）地方にいるという」「深い山に住み、紫色の羽を持つ」などと書いてあったりします。これはたぶん、見たこともない鳥を伝聞と想像で書いたか、何か他の鳥の情報が混じってしまったのでしょう。

　なお本書では、特に断らずに「カラス」と書いた場合はカラス一般、特にハシブトガラスとハシボソガラスを指すことにしています。

＊　ミヤマガラス、コクマルガラス、ワタリガラスの渡り鳥3種はP4-5参照。

写真上から、イエガラス、ニシコクマルガラス（写真：松原始）。

03 世界のいろんなカラス

黒くない種、一度絶滅した種も

　カラスといえば、大きくて真っ黒でカーカー鳴く……と思っていませんか。世界のカラスの中には、ちょっと変わったものもあります。

　まず、真っ黒じゃないカラス。コクマルガラス（→P5）、ニシコクマルガラス（→P37）、ズキンガラス（→右頁）、イエガラス（→P37）、クビワガラス、ムナジロガラスなどは、白黒、あるいは灰黒の二色模様です。シロエリオオハシガラスみたいに、首の後ろだけちょこっと白いお洒落な配色のものもあります。

　アフリカのチャガシラガラスの頭は褐色がかっていますし、ニューギニアのハゲガオガラスは全身が褐色っぽく、特に幼鳥は色が薄いのが特徴です。また、名前のとおり、顔の羽が薄くて、赤っぽい皮膚が透けて見えています。

　大きさもいろいろです。コクマルガラスは全長35センチほどで、ハトくらい。イエガラスも全長40センチ余りで、かなり小柄です。イエガラスをマレーシアで観察したことがありますが、怒っても全然迫力がありません。

　大きいカラスといえば、全長65センチもあるワタリガラス（→P5、P41）です。ヨーロッパの言語ではワタリガラスとカラスを明確に区別していることがしばしばあります。たとえば、英語でワタリガラスはレイヴン、カラスはクロウです。ワタリガラスは体が大きく、鳴き声も変わっているので、特別の名前をつけたのでしょう。

　カラスというと絶滅の心配などないと思われるかもしれませんが、ハワイガラスは野生絶滅種です。ハワイではプランテーションの開拓により元の自然が失われ、さらに移民とともに外来生物が侵入し、強力な鳥コレラまで入ってきたことで、ハワイ在来の鳥の大部分は絶滅してしまいました。ハワイガラス（現地語でアララ）は辛うじて無人島に生き残っていたものが発見され、ハワイの保護施設およびサンディエゴ動物園で人工飼育されています。幸い数も

増えてきたので、2017年から野生復帰が始まっています。

繁殖生態はさまざまです。ペアでナワバリを持つものが多いのですが、アメリカガラスやイエガラスのようにヘルパーがついて共同繁殖する社会性のものもありますし、ミヤマガラスやコクマルガラス類のように、多くのペアが集まったコロニーを作って繁殖し、ペアのナワバリを持たないものもあります。

住んでいる場所もさまざまです。ワタリガラスはアイスランドのような極寒の地にもいる一方、北アメリカのモハーベ砂漠にも住んでいます。ハシブトガラスやハゲガオガラスは森林性ですし、ハシボソガラスやズキンガラスは開けた、草原のような場所を好む鳥です。

カラス属ではありませんが、ユーラシアの山岳地にはキバシガラス、ベニハシガラスというカラスっぽい鳥がいます。カラスより小柄ですが、シルエットはよく似ています。細く鋭いくちばしが黄色いのがキバシガラス、赤いのがベニハシガラスです。英語ではアルパイン・クロウつまり「山のカラス」と名づけられていますが、日本には分布しません（＊）。

いずれにしても、日本の都市は世界的に見てもカラスの多い場所の一つです。海外からの観光客がカラスに驚いていることも、しばしばあります。海外の都市にもカラスはいますが、ハシブトガラスほど大型のカラスがたくさんいる場所は珍しいでしょう。

カラス属ではありませんが、ユーラシアではカラス科の鳥であるカササギが大変ポピュラーです。中国語では喜鵲といって縁起のよい鳥とされていますし、韓国でも大変人気のある鳥です。ヨーロッパの町中でゴミを漁るなどイタズラ者として知られるのもカササギです。日本ではごく限られた地域にしか分布しませんが、世界的にみれば、こちらのほうが身近なカラス科鳥類といえます。

＊　キャラクター化されたカラスはなぜかくちばしが黄色いのがお約束ですが、カラス属でくちばしが黄色いものはいません。くちばしが黄色ということになった起源はわかりませんが、少なくとも1940年の映画『ダンボ』に登場するカラスはくちばしが黄色です。

ツートーンのズキンガラス（写真：松原始）。

04 カラスと歴史

カラスにまつわる古今東西の伝承

カラスはオオカミなどの食べ残しを漁ることも多い鳥です。かつて、石斧かついだ石器時代人が獲物を仕留めたときも、そのおこぼれに預かろうとやってきたでしょう。農耕が始まり、定住生活を始めれば「あそこにはいつも餌がある」と注意していたでしょう。そんなわけで、人間とカラスのつき合いの歴史は非常に古いと考えられ、さまざまな神話にも登場します。

たとえば日本神話にはヤタガラス（八咫烏）が登場します。これはおそらく中国の古代神話にある、太陽に住むカラスが元になっています。古代中国やエジプトでは、カラスは太陽からやってくる鳥ということになっていました。夕方、ねぐらに帰るカラスの群れが、沈みかけた太陽に帰っていくように見えたからでしょう。ヤタガラスが三本足とされるのも、古代中国の陰陽思想では奇数が陽の数であり、太陽にふさわしかったからといわれています。

和歌山県にある熊野大社ではカラスを神の使いとして奉っており、絵馬も三本足のカラスの絵です。また京都市の上賀茂神社には「烏相撲」の神事があり、神職がカラスに扮して土俵入りを見せます。そのほか、その年の豊作を祈願してカラスに餅を食べさせたり、籾を撒く時期についてカラスにお伺いを立てるといった行事もありました。

ユーラシアから北アメリカにかけての狩猟採集民の間には、広くワタリガラスの伝説があります。創造神であったり、人間に火を授ける神であったりする例もしばしばです。アニミズム（自然信仰）の世界では、どこからともなく現れて人間の様子をうかがっているワタリガラスは、森の奥深くに住む謎めいた神だったのでしょう。また、その神話はよく見ると、実際のカラスの行動に根ざしたものであることもしばしばあり、人間がカラスをよく観察していたこともうかがえます。

北欧では主神であるオーディンの両肩にフギン、ムニンという2羽のワタリガラスがとまっています。この2羽は朝になると飛び立って世界を巡り、夕方戻ってきて、オーディンにその日の世界の様子を伝えるとされています。カラスは事情通で偵察が得意というのも、わりと世界共通のイメージなようです。

　イギリスでは、イギリス王家とワタリガラスに関係があります。王党軍の背後からクロムウェル軍が迫ったとき、ワタリガラスが騒いだために難を逃れたという言い伝えもあります。何より、「ワタリガラスが滅びるとき、王家に災いが降り掛かる」という占星術師の予言により、今もロンドン塔では数羽のワタリガラスが大事に飼育されています。飼育にあたるのは近衛兵から選抜された「レイヴン・マスター」と呼ばれる人たちです。もっとも、野生のワタリガラスはそれほど大事にされてはいませんが……。

　また、アイスランドを発見したヴァイキングは「ワタリガラスのフローキ」という人だったと伝えられており、船から飛ばしたワタリガラスに導かれてアイスランドにたどり着いたとされています。実際、海岸から離れてしまったとき、カラスを飛ばして陸地を探す、という方法は行われていたようです。そのため、アイスランドの建国記念切手には、ヴァイキング船の上空を舞うワタリガラスがデザインされたものもあります。

左写真は、ヤタガラスの描かれた絵馬（新宿十二社熊野神社のもの）。右写真は、ワタリガラス。その名のとおり、日本には越冬のため、主に北海道に少数が渡ってくる（右写真：松原始）。

05 ここが違うハシブトとハシボソ

パッと見では見分けはなかなか難しい

　ハシブトガラスとハシボソガラス。見分けようとしてもなかなか見分けられない、やっかいな2種です。図鑑を見ると典型的な姿の写真が掲載されているので、「こんなの一目でわかる」と思ってしまいますが、実際に野外で見るとそうはいきません。逆光で見えない、下から見上げる角度でよく見えない、寒くて羽毛を膨らませているので印象が違う、などなど……。

　よく言われる「ハシブトガラスの頭は丸くて、おでこが出っ張っている」というのは、一応正しいのですが、常に正しいわけではありません。「おでこ」は単に羽毛を立てているだけなので、寝かせることもできます。緊張したときなど、ピタッと羽毛を寝かせてしまうと、頭の形だけ見るとハシボソガラスみたいに見えることもあります。逆に怒ったハシボソガラスは頭の羽毛を立てます。このときは頭全体が真ん丸になりますが、一部だけ見れば、ハシブトのようにも見えます。

　名前の元になっているくちばしの太さも、確かに違うのですが、パッと見分けるのはちょっと難しいかもしれません。ハシブトガラスのくちばしは高さこそありますが幅がなくて薄っぺらいので、斜め下から見ると印象が変わります。見慣れてくると、上くちばしに鋭く盛り上がった峰があるほうがハシブト、とわかるのですが、これも程度の問題です。

　また、鳴き声も違うことは違うのですが、カラスが常に同じ声で鳴くわけではないことに注意してください。カラスは音声の発達した鳥なので、さまざまな鳴き方をします。ハシブトガラスは基本的に「カア」、ハシボソガラスは濁った声で「ガーッ」と鳴きますが、ハシブトガラスだって威嚇するときはガラガラした声を出すこともあります。

　いちばん違うのは鳴くときの姿勢です。ハシブトガラスは体を水平にし、尾羽だけをピョコピョコと下に振るよう

にして鳴きます。対して、ハシボソガラスは体を立てて膨らませ、グッと顎を引いて下を向いてから、一気に頭を振り上げつつ鳴きます。この、大きく首を振るような動きがあったら、ハシボソガラスに間違いありません。

　住んでいる場所も違います。ハシブトガラスは森林と都市部が好きな鳥で、とまる所のない開けた場所はあまり好きではありません。一方、ハシボソガラスは大きな森林にはいません。日本の山の中にいるのはハシブトガラスだけです（山の中に小さな村があって畑を作っていれば、そこにはハシボソがいるかもしれませんが）。ハシボソガラスが好むのは、農地や河川敷のような開けた場所です。都市部にもいますが、あまりにビルが立て込んでくると少なくなるように思います。

　生息場所の違いのせいでしょうが、ハシブトガラスは地面を歩き回るのをあまり好みません。どちらかというと、高い所から餌を見つけてサッと舞い降り、餌をくわえてまた高い所に逃げるほうが多い鳥です。対して、ハシボソガラスは地面をテクテクと歩き回りながら、落ち葉の下、草の茂み、石の下などをこまめに覗き込み、餌を探しまわるのが得意です。また、ハシブトガラスは地上を急いで移動するときはすぐにピョンピョンと飛び跳ねますが、ハシボソガラスはむしろ、早足でスタスタと歩きます。

　あと、ハシブトガラスのほうが少し繁殖が遅く、営巣木も常緑樹か、落葉樹であってもすでに葉っぱが茂り始めた木を選ぶ傾向があります。ハシボソガラスはユーラシアの高緯度地域や乾燥地帯にも住むせいか、落葉していてもあまり気にしません。まだ葉っぱの開いていない木に丸見えで巣をかけても平気です。

　さらに微妙な差をいえば、飛ぶときに羽ばたきが浅くて軽いのがハシブト、大きくバサバサと羽ばたくのがハシボソです。飛んでいるときの尾羽や首の感じも微妙に違いますが、この辺は微妙すぎて私も言い切る自信がありません（＊）。

＊　尾が長めで先端が丸いのがハシブト、短めで角ばっているのがハシボソということにはなっているのですが……。尾の開き方や羽毛の傷み具合でも違って見えます。飛行中は、ハシブトのほうが首が長く見えるような気はします。

06 カラスの体

鳥としてはオーソドックス

　カラスはごくごく普通に鳥の形をしていて、「カラスだけが特別」という部分は、そんなにありません。

　鳥の前足（手）は完全に翼に変化してしまったので、餌を捕まえるのは後ろ足とくちばしが頼りです。カラスの足は特殊なものではありませんが、くちばしは大きめで、頑丈な作りになっています。また、比較的、噛む力が強いので、くちばしで餌を引っ張ったり、むしり取ったりするのは得意です。このときに足で餌を押さえながら、くちばしを使うこともできます。これができる鳥はあまり多くはなく、猛禽類のほか、オウム・インコとカラスくらいです。

　カラスは鳥類の中でも体重に対して脳が大きい部類ですが、目立って頭が大きいというほどではありません。翼もごく普通。飛んでいるときは猛禽のように翼の先を指状に開きますが、これもある程度大きな鳥なら普通です。羽ばたきと滑空を組み合わせて飛ぶことができますが、これも特別なことではありません。ただ、ワタリガラスは明らかに、ハシブトガラスなどと比べて翼が細長く見え、あまり羽ばたかずに飛ぶ鳥です。ワタリガラスは餌を探して広範囲に飛び回り、 一日の飛行距離が100キロを越えることも珍しくないので、無駄な体力を使わずに飛べるような翼を持っているのでしょう。

　カラスには飾り羽などもありませんが、ワタリガラスでは喉から胸にかけて、たてがみのような長めの羽毛が生えています。他のカラスでも、怒ったときに頭を真ん丸に膨らませることがよくあるので、こういった部分を仲間同士の信号に使っているのでしょう。求愛するときは、脚の回りの羽毛を大きく広げることもあります。

　オスかメスかは、外から見ただけではわかりません。ひょっとすると、紫外線まで含めて考えれば色合いが少し違うかもしれない……という研究がありますが、今のと

ころオスとメスを外見で見分ける方法はありません（＊）。

　カラスの仲間は一般にオスのほうが少し大きいのですが、大柄なメスと小柄なオスを比べれば、メスのほうが大きいこともあり得ます。ただ、ペアで並んでいるときに、明らかに体つきがガッシリして大きいほうがオスであることは、多いように思います。ハシブトガラスでは首が太いほうがオス、ハシボソガラスでは首が太いだけでなくグッと長く伸ばしているほうがオス、のような気がしますが、まだ根拠が薄弱なので、「そんな気がするだけ」としておきます。

　カラスは頑丈な足を持っており、上手に地上を移動することもできます。鳥が地上を移動するときはピョンピョン飛び跳ねるホッピングと、トコトコ歩くウォーキングがありますが、カラスはどちらもできます。

　カラスに限らず、鳥類は目のいい動物です。視力は少なくとも人間に劣ることはないでしょう。色はフルカラーどころか、紫外線まで見えています（＊＊）。色を見分ける能力も非常に高く、人間には区別できないようなわずかな色合いの違いも見抜きます。また、素早く動くものを見るのも得意です。

　一方、嗅覚がいいという証拠はありません。鳥は一般に、餌を探すときに嗅覚にあまり頼っておらず、目で探すのを基本としています。ヒメコンドルが硫化メルカプタンに特異的に反応するという研究や、アホウドリの仲間がオキアミの臭いを追って飛ぶという研究はありますが、哺乳類のように多様な臭いを嗅ぎ分けられるという証拠は、まだありません。

　このように「わりとフツー」なカラスの体ですが、カラス科の鳥には、外見上の大きな特徴が一つあります。それは、上くちばしの根元、鼻孔あたりが口ヒゲのような羽毛に覆われていることです。鼻羽といいますが、他の鳥には見られません。なぜカラス科にだけあるのかは、わかっていません（＊＊＊）。

＊　カラスの羽毛の色素粒の構造が雄と雌でやや違うことがわかっていますが、明確に紫外線反射が異なるというほどではありません。ただ、紫外線で見ると模様が浮かび上がる鳥はいくつかあります。

＊＊　人間の色覚は三原色ですが、鳥は紫外線領域にもう一つ原色がある四原色型です。これは爬虫類から受け継いだものです。哺乳類も爬虫類から進化しましたが、その過程で夜行性になったために色覚が退化し、多くの哺乳類は赤と青の二原色型になってしまいました。その中で、人間を含む真猿類は新たに三原色型に進化したタイプです。

＊＊＊　ただし、ミヤマガラスは成鳥になると鼻羽が抜け落ち、のちに石灰質が沈着してくちばしの根元が白くなります。

07 深淵なる黒

少々複雑なカラスの体色とその構造

　カラスといっても真っ黒なものだけではありませんが、そうはいっても、黒い種類が多いのは確か。カラスといえば黒、黒といえばカラスなのです。

　カラスは黒いから気持ち悪い、白ければ可愛いのに、という意見もあるようですが、私は反対です。カラスは黒いからいいんです。そもそも、黒はべつに不吉な色ではありませんでした。古来、日本の葬式は白装束で、黒服になったのは明治時代からです。

　さて、「カラスの濡れ羽色」という言葉があります。水浴びしたての、艶やかなカラスの羽の色のことです。女性の黒髪の美しさを表すのに使ったりします。ね？　べつに悪い意味じゃないでしょ？

　カラスの羽をよく見ると、決して単純な真っ黒ではないことがよくわかります。まず、羽毛の表と裏では色合いが違い、裏のほうが少し色が浅く、かすかに赤茶けているのがわかります。また、羽毛の表側には強い光沢があり、角度によって青や紫に光ります。緑っぽく見えることもあります。

　カラスのこの複雑な黒は、羽毛に含まれるメラニン顆粒と、表面のケラチン層が作り出すものです。

　鳥の羽毛は人間の髪の毛や爪と同じく、ケラチン質でできています。起源からいえば爬虫類の鱗と同じものです。それ自体にはほとんど色がありませんから、真っ白以外の色になるには、色をつけてやる必要があります（＊）。

　カラスの場合、多数のメラニン顆粒が積み重なるように羽毛の中に並んでいます。これが光を吸収して、黒く見えるわけです。表と裏では顆粒の並び方や密度が違うため、色合いが少し違って見えています。

　羽毛の表面はケラチンが層状に覆っています。これが光を反射し、キラリと光る光沢を与えています。それだけでなく、ケラチン層は光を散乱・干渉させ、構造色を作

り出します。構造色というのは、色素を使わず、電子顕微鏡レベルの微細な構造で発生させる色のことです。身近な例では、DVDの記録面が虹色に光って見えるのが、構造色です（DVDの記録面には映像や音声を記録した信号が刻まれているので、光を散乱させます）。

　つまり、カラスは羽毛の地色として黒い色素を持っており、その上に光沢と、さらに構造色が乗っているわけです。そのため、基本的には黒いのですが、角度によってうっすらと他の色に光って見える、ということになります。

　このようにカラスの色はメラニンと構造色だけでできているのですが、同じカラス科にもルリカケスのように青い鳥があります。彼らはまったく別の仕組みを持っているのでしょうか？

　実は、鳥の羽毛には青い色素というものがありません（卵にはあります）。羽毛が青く見える鳥は、すべて、構造色を利用して青色を作り出しています。それだけでなくメラニン顆粒も持っていることがわかっています。おそらく、羽が透けてしまわないために、ある程度濃い色をつける必要があるのでしょう。つまり、「メラニンと構造色の組み合わせで色を作っている」という点では、黒いカラスも、青いルリカケスも、材料や仕組みは同じだと考えられます。

　カラスの羽毛は少なくとも1年に1回、生え変わります。古くなって傷んだ羽毛は色褪せて茶色っぽくなっていますが、生え変わった新しい羽毛は美しい光沢を持った漆黒です。生え変わりの途中だと、色合いの違いがよくわかります。

　また、カラスの体を覆う小さな羽毛は、根元の色が少し薄くなっています。特にハシボソガラスでは白に近いので、羽毛が乱れた所があると、そこだけ白く見えます。卵を抱いている雌は腹のあたりの羽毛が乱れていることが多いので、この時期には、お腹に白っぽい模様があるように見えることもあります。

＊　色素がない場合、羽毛の内部に含まれる空気層が光を反射して白く見えます。白髪と同じです。カラスにも白化個体がありますが、真っ白になるのはハシボソガラスのほうが多く、ハシブトガラスはバフ色（褐色）くらいで止まるものが多いようです。

08 カラスの声

カラスはどんなとき、どう鳴くのか

カラスはいろいろな声を出します。特にハシブトガラスはハシボソガラスより音声が多彩で、時には思わぬ声で鳴くこともあり、「あれがカラスの声?」と思うこともあります(＊)。

たとえば、ハシブトガラスが飛んできて高い所にとまった直後、翼を持ち上げて振りながら、「カーカ〜〜カー」と節をつけて鳴くことがあります。おそらく「ここに移動したよ」という信号なのでしょう。ハシブトガラスはもともと森林性ですから、声を使ってコミュニケーションをとらないと、自分の姿が相手に見えているとは限りません。

一方、ハシボソガラスはあまり鳴きません。平地の鳥である彼らは、むやみに鳴かなくても見れば状況がわかるからでしょう。

どちらの種も、ヒナが親に、あるいは雌が雄に餌をねだるときは体を低くし、翼を半開きにして振りながら「アワワワ」という声を出します。ハシブトガラスのヒナは「ゲッゲッゲッゲッ」と聞こえる大声で餌を催促することもあります。

雌に渡すために餌を持ってきたハシブトガラスの雄は、「からら……ころろ……」と聞こえる声で雌を呼びます。これを聞くと、雌は反射的に「アワワワ」と餌をねだります。人間が呼びかけても反応することがあります。

ハシブトガラスやワタリガラスでは仲間を呼び集める声があることもわかっています。アメリカガラスの研究では、警戒声と同時に見た目新しい相手を「外敵」と認識することもわかっています。つまり、他の仲間の声を聞いて「あれが敵か、よし覚えた!」という学習もできるのです。もっとも、こういった緊急時の音声と外敵を結びつける学習は他の動物にもあるので、カラスだけが賢いというわけではありません。

バリエーションは意外に豊富

　カラスは「カア」とか「ガー」とか鳴くのが基本的ですが、ワタリガラスは非常に奇妙な、カラスっぽくない声をいろいろと発します。もちろんカラスっぽい声も出すのですが、そのほかの声が多すぎるのです。いちばん有名なのは「カッポンカッポン」という、高くてよく響く声です。それ以外にも「キャハハハ」という笑い声のような鳴き方や、トライアングルを打ち鳴らしたような金属音、ハクチョウのような「ホン！」と聞こえる大声なども出しているのを聞きました。

　カラスは人の言葉を真似ることもできます。日本のカラスではハシブトガラスのほうが上手なようですが、飼育されている個体が「しゃべる」のは珍しくありません。また、野外でも聞こえた音を真似していることがあります。

　なかなか面白かったのは、新宿駅のホームの屋根の下にとまった一羽のハシブトガラスでした。独り言のように「ガラララ……」と鳴き出すので何事かと思ったのですが、しばらく見ていてどういうことかわかりました。キャリーバッグを引いた人が点字ブロックの上を通ると、キャスターが「ガタガタガタガタ」と音を立てます。すると、カラスがすかさず「ガララララ……」と鳴くのです。理由はわかりませんが、キャスターの音に反応して、しかもその音を真似して鳴いていたのだろうと思います。

　ハシブトガラスは他個体の声に間髪いれずに「返事」をしますし、声で相手が誰かを識別していることもわかっています。つまり、ハシブトガラスの社会と音声は深く関わっているわけです。その中で「聞こえた音をその場で真似する」という能力が進化してきたのではないかと考えています。キュウカンチョウやオウムなど、よくしゃべる鳥に社会性のものが多いのも、そのせいでしょう。

＊　よくカラスが「アホーアホー」と鳴く、といわれますが、確かにそう聞こえることもあります。どういう意味かはわかりませんが、「アンオー」みたいな感じで鳴いているときは、特に「アホ」みたいに聞こえます。もちろんあなたを馬鹿にしているわけではありません。

09 カラスの一日

ほとんどの行動は「食」につながる

　鳥は早起きです。その中でも、カラスは早起きです。夜明けの1時間くらい前には目を覚まして、行動を始めます。カラスが飛び始めるのは、まだ空が暗いうちなのです（＊）。

　都市部のカラスは朝イチでゴミのある場所を目指します。ゴミ収集車が来るまでに餌を漁らないといけません。また、気温が下がるのに餌が採れない夜間は、鳥にとって厳しい時間です。体内に蓄えた栄養だけで夜を乗り切り、腹ペコで朝を迎えるので、一刻も早く何か食べたいのです。

　餌が大量にあるようなら、せっせと餌を隠して回ります。これを貯食といいます。そうしないと一度には食べ切れませんし、ゴミならすぐに回収されて持っていかれてしまうからです。ナワバリを持ったカラスなら自分のナワバリの中のあちこちに隠し場所があります。ナワバリを持っていないカラスでも、短期的に餌を隠すことはしています。

　朝、繁華街でゴミを漁るカラスを見ていると、サッと飛び立ってビルの屋上などに行き、また戻ってくるのがわかります。これは貯食しては戻っているからです。ただ、注意しないと、他のカラスに隠した餌を盗まれてしまいます。そのため、餌を隠し直して場所がわからないようにすることも、しばしばあります（＊＊）。

体のメンテナンスもとても大切

　ゴミが回収されるころ、カラスたちはビルの上で休憩を始めています。くちばしを何かにこすりつけているのもよく見ますが、これは餌を食べたあと、カラスが必ずやる行動です。

　その後、カラスがよくやるのは水浴び。カラスは水浴

びが大好きです。鳥の水浴びには体の汚れを落とすほか、羽毛を濡らしてから丁寧に整えるという役目もあります。カラスの場合、まず水に顔を突っ込んでバチャバチャやるので、くちばしを清潔に保つという意味合いも強いのでしょう。

　カラスが水浴びするのは浅い水中で、川の浅瀬や公園の噴水などが多いのですが、ビルの屋上にできる水たまりもしばしば利用します。屋上貸し切りプールというわけです。

　それからは？　子育てしている繁殖期のペアなら、ヒナに餌を運ぶのにてんてこまいです。

　そうでなければ？　……ほぼ、やることがありません。餌を探しては食べ、あるいはどこかに隠す、というのが基本ですが、都市部のカラスは朝のうちに大量の餌をストックできているので、餌探しに必死になるとは限りません（もちろん、その個体の地位や餌の量にもよります）。

　そのせいだと思いますが、特にハシブトガラスは午後の早い時間からねぐらに戻ってブラブラしている奴がよくいます。餌はねぐらの周辺で、おやつ程度に何か食べているのでしょう。

　こうして夜になると寝てしまいます。ただし、夜間も何かに驚いてカラスが騒いだり、飛び回ったりすることはあります。本当に「夜間飛行」で別のねぐらへ移動してしまうことも、時にはあります。ですが、たとえ照明で明るい街中であっても、本格的に夜行性になる例はなさそうです。ずいぶんと人間社会に馴染んでいるように見えるカラスですが、早寝早起きの習慣だけは変化しなかったものと見えます。

＊　例外だったのは沖縄県の下地島です。地元の人に「ここのカラスはそんな朝早くから飛ばない、7時からで十分だ」と言われたものの、そんなまさか、と思って明け方からねぐらを見張っていたら、カラスが動き出したのは本当に7時過ぎになってからでした。人間並みに寝坊です。

＊＊　カラスは雑食性で、動物質のものも食べるし、果実類も大好きです。動物の死骸や、捕食動物の食べ残しを食べるスカベンジャー（自然界の掃除屋）でもあります。カラスがゴミを漁るのは、同じく雑食性の動物である人間の食べ残しが路上にあるからです。カラスにしてみると、路上にゴミ袋が置いてあるのは、動物の死骸が転がっているのと大差ありません。なかでもカラスの好物は高カロリーなもの。フライドチキンやマヨネーズが大好きです。繁華街の飲食店から出るゴミは、カラスにとって非常によい餌になります。もちろん、街中でもゴミだけを食べているわけではなく、公園でサクラやクスノキの実を食べていたりすることもよくあります。

写真上から、せっせと貯食中のハシブトガラスと大事に落ち葉で隠されたマヨネーズ（写真：松原始）。

10 カラスの遊び

本当にカラスは「遊ぶ」のか？

　カラスは遊ぶ、といわれています。確かに、研究者の目から見ても「遊んでるんだろうなあ」という行動はあります。ただ、動物の遊びの定義は非常に難しく、ある行動がただの遊びなのかを見極めるのは、そう簡単ではありません。だから、動物の見せる「遊びのように見える」行動を無批判にすべて遊びと呼ぶのは間違いです。

　とはいえ……カラスはしばしば、風に乗ってふわっと舞い上がったり、避雷針のてっぺんにとまろうとしたりします。それだけならべつにいいのですが、何羽ものカラスが次々に舞い上がったり、先を争うように避雷針にとまろうとしているのを見ると、「これは遊んでいるだけなのか？」と疑いたくなります。電線にとまっていたカラスがぶらーんと電線からぶら下がり、クルンと回ってまた戻る、なんてのは、さすがに遊びの要素があるように思います。

　滑り台を滑ったという記録はいくつもありますし、雪の上を背中で滑ったとか、ゴロゴロ横向きに転がっていた、という観察もあります。最初は間違って滑ってしまっただけなのかもしれませんが、何度も繰り返しているのを見ると、確かに、滑りたいだけなんじゃないのかと思います。しかも、飛べば済むところを、わざわざ歩いて登っては滑り降りてくることもあるので、苦労を楽しんでいるんじゃないかとさえ思えることもあります。

　もちろん、カラスの頭の中を覗くことはできないので、これはカラスにとっては何か意味のあることかもしれません。あるいは、カラスが何か他の状況と間違っていて、「こうしなくてはいけないのだ！」と判断しているだけかもしれません。とはいっても、「やっぱり、遊んでるでしょ？」と言いたくなることは確かにあって、まあ、遊ぶこともあるんだろうな、とは思います。

たぶん遊びではない例、判断不能な例

　もっとも、遊びのようで遊びでない例もあります。動画投稿サイトを見ていると、「車のワイパーにつかまって遊ぶカラス」という映像がありました。ワイパーにとまったカラス、ワイパーを動かしてもジタバタしながら必死にしがみついているのですが、これはたぶん、遊びではありません。とまっているカラスは巣立ちビナっぽいので、ワイパーにとまってしまったものの、どうしていいかわからず、飛ぶのも下手なので、ただただ必死になってしがみついているだけでしょう。

　「屋根に積もった雪の上をフリスビーで滑るカラス」という動画もあります。これは一見すると滑って遊んでいるようですが、ちょっと気になるのは、「フリスビー」を屋根のてっぺんに持っていっては、足で踏んでつつこうとしていることです。カラスの目的は滑ることではなく、つつくことのようなのです。そのたびにバランスを崩して「フリスビー」が滑り落ち、それを止めようとして一緒に滑ってしまっているように見えます。何か食べようとしていたのではないかという気もしますねえ（*）。

　こんなふうに、遊びではなさそうな行動まで「遊び」にされてしまっていることがあるのは要注意です（**）。

　でも、どう考えても意味がわからない行動もあります。私が観察したことがあるのは、片足にだけマツボックリを握ったまま無理に歩き、そのマツボックリを握ったままコロンと仰向けに寝て、足に持ったマツボックリをガジガジと噛みながら、ゴーロゴーロと体を揺する、というものでした。アメリカガラスらしいカラスが同じように仰向けに寝転がって、足につかんだ枝を噛んでいる写真も見たことがあるので、これはカラス一般に見られる、何か理由のあることなのかもしれません。ですが、まったく意味がわからないので、今のところ「遊びかなあ」と思っています。

* そもそもフリスビーではなく缶の蓋のようで、マヨネーズの蓋だという話もあります。

** 遊びは定義が非常に難しく、研究者の間でも「何が遊びなのか」という明確な基準が定めにくい行動です。ただ、長年研究して、その動物を見慣れている人がどれほど客観的に見ても「遊んでいるようにしかみえない」という行動は時々あって、やっぱり遊びなのかなーと思ったりします。

11 カラスの一生

繁殖事情から気になる寿命まで

　カラスの生涯には、大きく分けて二つの段階(ステージ)があります。一つは非繁殖個体として生きるステージ、もう一つは繁殖個体としてのステージです。

　独立してから数年間は、非繁殖個体としての生活です。この時代のカラスは群れを作り、集団で行動しています。ナワバリは持っていません。繁殖もしていません。子どもがいないので、自分が餌を食べることと、集団の中での生活がすべてです。公園などでカラスがゴチャっと群れていることがありますが、あれが非繁殖個体の群れです。真っ黒いのがたくさんいて怖いと思うかもしれませんが、命がけで守るものを何も持っていない、気軽な身の上なので、人間に向かってくることはありません。怖がらなくても大丈夫です。

　このカラスの群れは固定的なものではないと考えられています。カラスに発信器を取り付けたりして追跡すると、コロコロと居場所を変えてしまうからです。集団のメンバー全部を把握して追跡した研究はありませんが、どうも、あまり緊密な集団というわけではなさそうです。この辺のルーズな感じがいかにもカラス。

　カラスは生まれた翌年にはまだ生殖腺が発達せず、生理的に繁殖できません。2年たつと生理的には成熟してきますが、どうも、まだ社会的に「オトナ」になれないようです。いくつかの研究から、カラスが繁殖するのはまあ3年目くらいからかな、といわれています。つまり、生まれてから何年かはモラトリアムな期間があるわけですね。ただし、カラスの群れの中には極めて明確な順位があり、順位の低いカラスは餌を採れないので、生き抜くのは大変だと思います。

　カラスはこの群れの中でペアを作り、2羽でタッグを組んでナワバリを探しにいきます。といっても、繁殖できそうな場所、つまり、巣を作るのにいい木が生えてい

て、餌もたくさんある所は、とっくに誰かのナワバリになっています。しかも相手は何年もナワバリを守り抜いてきた百戦錬磨の大人ばかり。そんな中で、若いカラスがナワバリを獲得するのは楽なことではないでしょう。カラスを観察していると、2羽で舞い降りてきてはナワバリの所有者に追い出され、すごすごと帰っていく姿を見ることがあります。

運よくナワバリが空いた、どこかに隙間があった、などの理由で、うまいことナワバリを手に入れることができたら、繁殖個体の仲間入りです。以後はナワバリを中心としてペアで暮らします。ナワバリの中にある餌を守るため、他のカラスが入ろうとすると追い出します。冬は集団ねぐらに行って寝ることもありますが、朝になると帰ってきて、「ここは自分のものだ」と主張します。もちろん、これはナワバリを奪われる危険がどれくらいあるか、にもよるでしょう。田舎で、のんびりした地域なら戸締まりしないのと同じです。巣にヒナがいる繁殖期には、ナワバリを離れないほうが、むしろ普通ではないかと思います。

カラスは一度確保したナワバリをそう簡単には捨てません。きちんと個体に標識して長期間追跡調査した例は残念ながらまだないのですが、毎年、同じようなカラスが、同じ場所にナワバリを持っています。ナワバリを手に入れるのが難しいとすると、そう簡単に引っ越すこともできないでしょう。

カラスの一生は長く、飼育下ではワタリガラスで60年、ハシボソガラスで40年ほど生きた例があります。野生状態でも、約20年生きているハシブトガラスが見つかったことがあります。ヒナの間に足輪をつけて標識された個体だったので、何年生まれかわかっていたせいです。

繁殖個体の仲間入りを果たし、巣作りすべく巣材を収集中のカラス。ベランダのハンガーなどを狙うことも少なくない（写真：松原始）。

12 カラスのねぐら

鳥がねぐらを作る理由(わけ)

童謡「夕焼け小焼け」に歌われているように、カラスは夕方になると群れを作って飛んでいきます。集団ねぐらに帰るためです。

その前にまず確認。「ねぐら」とは眠る場所のことです。眠るだけなら巣は必要ありません。巣はあくまで、卵とヒナを安全に入れておくためのもので、いわばベビーベッドです。鳥は基本的に、枝にとまって眠っています。

カラスに限らず、集団ねぐらを作る鳥はいくつもあります。ムクドリやセキレイは駅前などに大きなねぐらを作ることがあります。ツバメも、夏の終わりになるとヨシ原に大規模な集団ねぐらを作ります。

鳥が集団ねぐらを作る理由は、大きく分けて二つあると考えられています。一つは外敵に対する防衛です。鳥は夜でもちょくちょく目を覚まして、周囲をチラッと見てはまた眠るのですが、一羽では見張りにも限界があります。ですが、集団なら常に誰かが目を開けて周囲を見ているので、一羽のときよりも警戒能力が高くなります。仮に外敵が襲ってきたとしても、狙われるのが自分とは限りません。さらに、集団で逃げまどっていると、捕食者のほうも狙いを定めるのが難しくなります。つまり、集団でいるほうが敵に気づきやすく、逃げるのも楽なわけです。

もう一つは情報伝達です。クロコンドルで調べられた例がありますが、餌の在処を知っている個体は、朝一番に餌の所に飛んできます。そして、餌の在処を知らない個体は、こういう「真っ先に飛んでいく個体」のあとを追っていくことがわかっています。彼らは餌の場所を教え合っているわけではないのでしょうが、「朝一番に目的地に向かって飛ぶ」という行動そのものが、「餌の在処を知っている」という情報を周りに漏らしているわけです。

カラスの場合、大型のフクロウ類は天敵ですし、コンドル同様に動物の死骸も食べます。カラスがねぐらを作

る理由は防衛と情報、両方あるでしょう。

　カラスのねぐらは数千羽に達することもあります。ハシブト、ハシボソ両方が混じっているのが普通ですし、ミヤマガラスも混じることがあります。夕方になるとねぐらに戻ってきますが、一般的に、ハシブトガラスのほうが早い時間から散発的に戻ってくる傾向があります。ハシボソは遅い時間にまとまって帰ってくることが多いようです。

　ねぐらに入る個体数は秋・冬に最大になり、春・夏は減ります。繁殖している個体はナワバリにとどまっていて、ねぐらに戻らない場合があることが大きな理由です。もう一つは、夏の終わりからはその年生まれの子どもたちがねぐらに入ってくるので、個体数自体が増えているからです。未経験の若鳥は冬の間に死ぬものも多く、春になるとずいぶん数が減るのが普通です。

　また、ねぐらは常に同じ場所にあるわけではなく、夏の間だけ使われる小さなねぐらができることもあります。このように、ねぐらが分散しがちになるのも、夏の間は大規模なねぐらができない理由の一つです。

　カラスはねぐら入りしてもしばらく周囲を飛び回ったりして騒ぎ、時には大群がねぐらから飛び上がって周囲を旋回してから戻る、といった行動を繰り返します。外敵への示威行動とも、周辺にいるカラスを呼び集めるためともいわれています。

　ねぐらができるのは、夜間あまり人の立ち入らない緑地や、山の中であることが普通です。ただ、近年では電線にねぐらを作るカラスも出てきており、騒音や糞が問題となることもあります（＊）。

　もう一つ。カラスといえばねぐらが有名ですが、すべてのカラスがねぐらに集まって寝るわけではありません。PHSを使って追跡した研究によると、東京では少数羽、もしくは単独で眠っていたと思われる例が見つかっています。外敵不在で餌条件のよい場所なら、ねぐらに集まる必要がないのかもしれません。

＊　このときにうっかり追い払おうとすると、街じゅうに分散して余計に被害を広げた例もあります。音声を利用してうまく誘導するとか（→P131参照）しないと、ねぐらを狙ったとおりに移動させるのは難しいようです。

13 カラスの恋

高位がモテるけれど謎も多い恋愛模様

　カラスは繁殖を開始するずっと前にペアを作ることが多い鳥です。ハシブトガラスもハシボソガラスも、集団生活をする若い間にすでにペアを作っています。ですが、ナワバリを持っていないので繁殖はできません。いってみれば、恋人はいるが、家庭を作るほど安定した生活はしていない……というような状態です。

　婚姻関係がかなりよく調べられている例としては（カラス属ではなくなってしまいましたが）、ニシコクマルガラスがあります。ニシコクマルガラスでは雄が営巣場所になりそうな壁の窪みなどを確保し、雌に見せびらかして気を惹くことが知られています。また、雌のほうから雄に近づく例もあります。

　カラスは集団の中に明確な順位を持っていることが多く、どうやら、高位の雄がモテるようです。鳥類をはじめ、動物では雄が歌やダンスで必死に雌の気を惹き、雌は品定めするだけ……というものが多いのですが、カラスの場合、雌のほうから雄に近づいて羽づくろいをする例が観察されています。ということは雌同士にも雄をめぐる争いが発生するはずなので、結局、高位の雄と高位の雌がペアになる……ということでしょうか。もっとも、オーストリアの動物行動学者、コンラート・ローレンツは、順位の高かったペア雌を捨て、劣位の雌と「駆け落ち」してしまったニシコクマルガラスを観察しています。カラスの恋愛事情もいろいろなのでしょう。

　長期間、多数のペアをきちんと調べた例はほとんどないので断言しにくいのですが、カラスのペアはそう簡単に解消することはなさそうです。ナワバリを維持し、抜け目なく餌を採ってきて子どもを育て上げるには、気心の知れた、しかも能力の高いパートナーが必要なのでしょう。

　カラスはウグイスのようにさえずりはしませんが、交尾期になるとディスプレイ（雌に対するアピール）は行いま

す。ハシブトガラスは産卵の少し前ごろに、「コカッ　コカッ」と変な声で鳴きながら左右に体を揺すっていることがあります。ハシボソガラスも、「オアー」というような声を出しながら、脇腹から腿あたりの羽を膨らませて、やはりサイドステップで踊ることがあります。これがカラスの求愛の一つです。

　カラスのペアは非常に仲がよく、お互いに羽づくろいをしたり、餌を受け渡したりしています。相互羽づくろいはしばしば観察できますが、一方が頭を差し出すとくちばしで羽づくろいしてやり、それが終わるとお返しに頭をかいてもらい……と何度も繰り返していることがあります。ペアの間の餌の受け渡しは求愛給餌と呼ばれ、カラスだけでなく、いろいろな鳥で見ることができます。主に雄が雌に餌を渡しますが、産卵のために栄養をつけてもらう、「僕はこんなに餌を採ってくる能力があるんだよ」と雌に示している、などの理由だと考えられています。ただ、カラスを見ているとペアになったのちも、また繁殖期でなくても餌を受け渡しているので、ペア関係を強化したり維持したりする意味もあるのでしょう。人間で例えていえば、結婚してもプレゼントや花束は大事ですよ、ということです。

　こんな具合でラブラブなカラスのペアですが、離婚することも稀にはあるようです。もっとも、鳥類は毎年のようにペアを組み替えるものも多いので、それに比べればペア関係が長続きする鳥だと思います。ただ、日本のハシボソガラスでは大変奇妙な観察があります（＊）。札幌市で中村眞樹子（まきこ）らが観察した例では、ペアのナワバリに２羽目の雌が入り込んできて堂々と繁殖した、ということです。大変不思議なことに、ペア雌はこの「愛人」を攻撃せず、雌が２羽いる状態が安定して続いていたとしています。このような事例はしょっちゅう起こることではないでしょうが、カラスのペア関係はまだまだ、わからない部分も多いのです。

＊　ヨーロッパではハシボソガラスにヘルパーがついた例があります。血縁者がナワバリに居残り、翌年の子育てを手伝ったという観察です。カラス科にはヘルパーがつくものが少なくないのですが、どういう条件でヘルパーがつくか、あるいはつかないかは、まだよくわかっていません。

14 カラスの子育て

カラスの巣作り、産卵、ヒナの誕生

　カラスは年に1回、繁殖します。スズメなど小鳥は年に2、3回繁殖するものが多いのですが、カラスは繁殖に時間がかかるため、何度も子育てするのは無理です。

　カラスは基本的に、木の上に巣を作ります。送電鉄塔やビルの上の看板の鉄骨に巣をかけることもありますが、普通は樹上です。巣は直径が50センチあまりもある皿型ですが、葉の茂った中に上手に隠していることが多く、馴れていないとなかなか見つかりません。巣の材料は枝が基本ですが、針金ハンガーを使うこともよくあります（＊）。

　カラスの産卵はハシボソガラスで2月末、ハシブトガラスで3月半ばから、が普通です。ただし、ナワバリの境界線を巡ってお隣とけんかしていたり、巣を作りかけても撤去されてしまったりして、産卵が遅れることはよくあります。まあ4月中には産卵するでしょう。

　卵を抱くのは基本的に雌のみで、その間、雌の食べる餌は雄が運んできます。ハシブトガラスは巣の近くで雌を呼び出して餌を受け渡しますが、ハシボソガラスは直接巣に入って餌を雌の口の中に突っ込みます。

　卵は青色からオリーブ褐色で、濃色の斑点があります。抱卵期間は20日程度です。生まれたヒナはまだ裸で、羽が生えていません。そのため、最初のうちは雌が巣に留まり、ヒナを抱いて温めています。

ヒナの巣立ちから一人立ちへの道

　ヒナの羽が生え揃ってくると、雌も外に出て餌を探し、巣に運んでくるようになります。こうして育ったヒナは孵化から30日あまりで巣から出てきます。これが巣立ちですが、巣から出てもヒナはほとんど飛べませんし、自力で餌を採ることもできません。当分は親に餌をねだっていますが、1週間ほどすると「一応は」その辺りを飛び回

るようになります。

　カラスのヒナは巣立ってからしばらくの間は虹彩が青っぽく、黒い瞳がはっきり見えています。また、口の中が真っ赤なのも特徴です。羽毛が薄いので、口元や喉のあたりも赤い部分が見えています。1カ月もすると目は黒くなりますが、口の中の赤みは1年くらい残っています。

　親は次第に、ヒナにねだられても餌を与えなくなりますが、独立して自分で生活するようになるのはまだまだ先。ヒナたちが独立するのは早くても8月ごろ、10月ごろになるのも普通で、どうかすると12月になっても親と一緒にいます。翌年の繁殖期になってもまだ親元に留まっていた例もあります。

　親元で暮らす間にさまざまなことを覚えるわけですが、最初のうちはチョウチョを追いかけてみたり、枝を拾って考え込んでみたり、どうにもやることが頼りないのです。目新しいものに興味津々なのも、若いカラスの特徴です。ワタリガラスでは若い個体は目新しいものに寄ってくるが、成鳥になると目新しいものを警戒して近寄らないことが知られています。おそらく、若いうちにいろいろな経験をして、知識を増やしているのでしょう。とはいえ、目新しいものは時として本当に危険なので、カラスが生活の知恵を手に入れるのは命がけといえそうです。

　ハシブトガラス、ハシボソガラスとも産卵数は4、5個ですが、生まれるヒナは3、4羽です。巣立ちビナは平均すると2羽くらいで、1羽も育たないこともあります。巣から落ちたり、餌が足りなかったり、悪天候が続いたりして、死んでしまうヒナは少なくありません。カラスといえども、その子育ては決して楽ではないのです。

　繁殖の途中で失敗するともう一度営巣することもありますが、その場合でも、巣は新しく作るのが普通です。また、去年の巣が残っている場合も多いのですが、続けて使うことは滅多にありません。カラスの巣は基本的に使い捨てです（**）。

＊　枝やハンガーなど硬い素材を使うのは外側だけです。内側の卵を置く部分は産座といい、藁や動物の毛など、柔らかい素材で編んであります。

＊＊　巣を分解して、材料を再利用することはあります。カラスの巣は枝を200本以上も使うので、全部新しく取ってくると大変なのです。

15 蹴られない方法、教えます

対策はカラスの言い分を知ることから

カラスは人を襲う、と思ってませんか？

カラスが人に敵対的になるのは、ヒナを守るときだけです。カラスの巣立ちビナは飛ぶのが下手なので、低い木の上とか、マンションの手すりとか、どうかすると枝から落っこちて地面にいることもあります。つまり、赤ん坊がその辺をうろうろしているような状態です。そりゃ親は心配ですよね。

巣立ちビナに近づくものは、カラスにとって全部敵です。ただし、カラスは案外ヘタレなので、いきなり襲ってくることはありません。

まず、カラスは音声で「出ていけ」と促します。電線にとまってこっちを見ながらやけにカアカア言っていたら、たぶん、「さっさとあっちに行け」と言われています。さらに近づいてきて「ガラララ」とか言いだしたら、かなり怒っています。足下をつついたり、葉っぱをちぎって投げ落としていたりしたら、イライラして八つ当たり状態です。このとき、あなたがヒナに気づいているかどうかは関係ありません。カラスから見て「お前、ウチの子に近づきすぎなんだよ！」と思ったら威嚇してきます。

ここで速やかに立ち去ればまず問題はありません。カラスのナワバリは市街地ならせいぜい数百メートルの範囲しかありませんし、ヒナを守っている親鳥が、肝心のヒナを放ったらかして人間を追いかけてきたりもしません。

ですが、人間が気づいてくれない場合、カラスは威嚇のために人間の近くをかすめて飛びます。この段階でだいたい人間も気づきますが、それまでの警告に気づいていないとカラスが急に向かってきたように見えるため、「いきなり襲われた」と思うわけです。

この段階でも、カラスは人間に触れないように飛んでいます。相手に攻撃をくわえるということは、自分も攻撃される恐れがあるからです。カラスとしては自分が怪我を

したら大損。また、相手の正面から攻撃するのも危険なので、必ず後ろから来ます。

　これでも人間が立ち去らない場合、怒り狂ったカラスが、最後の手段として、人間の頭を蹴飛ばすことがあります。後ろから飛び越えざまに足を下ろして蹴るか、頭を踏み台にしてポーンと蹴るか。これが、カラスの最終手段なのです。

　ただ、そのときに足指の爪が頭に当たることがあり、ひっかかれて頭を擦りむくことはあります。樋口広芳・森下英美子の研究によると、東京都で「カラスに襲われた」と報告があった事例のうち、出血したものは全体の十数パーセントで、いずれも「擦りむいた」だけだったそうです。逃げようとして慌てて転ぶほうが危険ですから、慌てないのが大事です。

　カラスに蹴られないためには、まず、カラスの巣がどこにあるか把握すること。それから、カラスの様子をちゃんと見ておくことです。そして、カラスが怒っているようなら、背中を見せないこと。後ろで威嚇してるな、と思ったら、サッと振り向いて睨みつけるだけでもカラスを牽制できます。ただし、カラスは雄雌２羽いるので、もう１羽が背後に回り込んでくることがあります。とにかく視線で牽制しながらその場を離れましょう。

　どうしてもダメそうなら、後頭部だけガードすれば大丈夫です。カラスの爪なんて、新聞で防げるほどです。なんなら傘をかついでもいいですし、バンザイしてしまえば両腕の間を飛ぶことができず、カラスはもうあなたに手出しできません。

　札幌市では、カラスが営巣してもむやみに撤去せず、「ここに巣があるから注意してくださいね」と市民に知らせて、カラスの攻撃を防いでいます（＊）。人間側の態度や受け止め方で、カラスに「襲われる」かどうかは変わってくるのです。

＊　札幌市で使用されている看板（写真：中村眞樹子）。

16 もっと！カラスとのつき合い方

カラスにゴミを漁られないためには

　カラスはゴミを漁ります。これは、カラスがもともとスカベンジャー（掃除屋）であるせいです。スカベンジャーは自然界の大事な一員です。有機物を分解して土に戻す過程とは、「さまざまな生物が、次々に食べること」そのものなのです。カラスが死骸を食べるのも、やがて土の中の栄養となり、また植物を育てるサイクルの一部です。カラスは果実や小動物もよく食べますが、他の動物の食べ残しや動物の死骸も餌にしているので、地面に何か落ちていれば食べてしまうわけです。

　というわけで、外にむきだしでゴミを置いておけば、必ずカラスが食べてしまいます。掃除係に「掃除しちゃダメ」と言っても無駄です。掃除されたくなければ、ゴミを出さないか、触られないようにするしかありません。

　今までにさまざまなカラス避けが開発されてきましたが、「これで完璧」というものはありません。カラスのほうも命がけなので、そう簡単には諦めないからです。また、カラスの動きに反応しないものにはすぐ馴れてしまいます。というか、どんなものであっても、ただの脅しであればいずれは「こんなものは怖くない」と覚えてしまいます。

　カラスは目新しいものを警戒するので、馴れたころに新しいものに取り替え、あの手この手で脅すというのも手ではあります。ですが、ゴミを荒らされたくないのであれば、いちばん確実な方法は、「物理的に蓋をする」ことです。

ゴミを漁れないとどうなるか

　山里に行くと、サルやクマにゴミを荒らされないよう、ゴミ集積所は頑丈な金網で囲われているのが当たり前です。カラス相手なら、単なるネットや簡単なフェンスで十分です。ただし、ネットの網目が大きいと、そこからくち

ばしを突っ込まれます。また、軽すぎると引っ張って動かしてしまうので、ネットを使うなら、目の細かい、ゴミに対して十分な大きさのものを使い、裾を巻き込んだり、重石で押さえたりしたほうがよいでしょう。

　カゴ状のゴミ回収ボックスでも防げますし、最近アパートなどでよく見かける、金属製の大きなダストボックスなら、カラスには絶対に手出しできません。ただ、ゴミが多いと蓋が閉まりきらず、そうなるといくらでも引っ張り出して荒らすので、その点は要注意です。入り切らなければ無理に捨てない、あふれそうな分はネットを併用する、などの工夫もいるでしょう（＊）。

　なお、対カラス用に開発された黄色いゴミ袋は、鳥の目にはどぎつい黄色に見えて中が見えにくいと考えられること、たとえ見えても、特殊素材で紫外線を吸収しているので鳥の目にはゴミの色が全然違って見えてしまうこと、がポイントです（鳥は紫外線の色が見えています）。決して「カラスは黄色が嫌い」とか「黄色が見えない」という意味ではありません。「カラス避け＝黄色」のイメージだけが先行して黄色いネットなんかもありますが、特に意味はありません。もっとも、製造メーカーも関係ないのはわかっているけれど、黄色でないと売れないから仕方なく黄色にしている、という場合もあるそうです。

　ゴミが漁れない場合、カラスは行動圏を広げて餌を確保しようとします。ということは、より大きなナワバリが必要になり、町内に住めるカラス夫婦の数が減る、ということです。

　カラス対策としては捕殺が有名ですが、その効果がきちんと検証されたことはありません。

　ゴミがある限り、どれだけ捕殺してもカラスは他所から入ってきます。餌が足りない場合は、他所からカラスが流入してくることもありません。つまり、カラスの個体数自体も減るはずです。カラス対策を行うのであれば、ゴミをカラスから遮断するのが最も重要でしょう。

＊ 網かごの隙間からゴミを引っ張り出される場合、カラスのくちばしが届く、地面から40センチくらいの範囲に板を入れて囲う、などの対策も有効です。ゴミネットの場合、ゴミとネットの間に隙間を空けられると、さらに有効になります。くちばしを突っ込んでも届かないからです。

PART 3 カラス ◯▼◯ ライフ

写真：宮本桂 ※クレジット表記のあるものを除く。

カラスの基礎知識をご紹介したPART2に続いては、カラスが日常的に見せるさまざまな行動を写真で追ってみることにしましょう。人間よりもシンプルに思えるカラスの一日が、実にドラマティックであることがわかります。もちろんのんびり過ごしているように見える時間も多いのですが。

歩く／跳ぶ（ホッピング）

ン跳ぶ場合、大きく2つのパターンに分かれます。ハシボソは①、ハシブトは②での移動がよく見られます。

飛び出す

飛行するときは、①高い位置から飛び降りる場合、②地上など低い位置から飛び上がる場合があります。ともに羽を広げて羽ばたき、風に乗りますが、その後はつばさを真っすぐ伸ばし、上昇気流に体をあずけます。

着地／とまる

に羽を広げて両脚でしっかり降り立ちます。左上・左下写真は電線にとまる瞬間の姿勢がよくわかりますね。

鳴く

P74 上写真：松原始

うとき、つばさを上に上げパタパタ振りながら鳴きます。下写真はハシボソガラスが鳴くときの姿勢です。

拾う／ほじくる

カラスはものを拾うとき、大きなくちばしを駆使しますが、そのとき首を曲げて横からすくいあげるようにします。また、ほじくったり引っ張ったりするときも首を巧みに動かしているのがわかります。

くわえる

餌や物を得たり運んだり、くわえて引っ張ったりちぎったり、それが何か確認したり——鳥類のくちばしは、人間の手と各種道具を組み合わせたようなもの。多様な場面で活用する、なくてはならない部位なのです。

食べる／貯食

P80 左下、P81 左下写真：松原始

カラスはのどに食べ物を詰めて安全な場所に運び、そこでゆっくり食べたり、貯蔵したりします。その際、食べ物の上から葉、土や砂などを被せて隠しますが、場所はしっかり覚えており、時折隠し直したりします。

Crow's Photo Comic ❶

ペットボトル研究者

続・ペットボトル研究者

Let's 貯食！

なんて書いてある？

けんか（カラス同士）

長い物やノバトの取り合いの上で、カラス同士がかなり激しくやり合う姿もよく見られます。なお、カラスは集団でいてもボスがいるわけではありません。しかし力の優劣はあり、餌にありつくのは強者からです。

けんか（他の鳥と）

VS
セグロ
カモメ

VS
カワウ

もあります。同じ餌を食べるトビやカモメの仲間は、しばしばけんかする相手です。

VS
トビ

羽づくろい／水浴び

健康一番なので、水浴び（地域により雪浴びも）で体は常に清潔に保ちます。蟻を浴びることもあります。

パートナーと

P91 写真：松原始

基本行動をともにし、呼び合ったり、羽づくろいをし合ったり、餌をあげたりもらったりと仲のよい姿を見せるカラスのペア。とはいえ本当に食べたいものは相手に渡さず独り占めしたりするのもまたカラスです。

え?
ちょっ…

繁殖（巣作り〜子育て）

P93 上、右下写真：松原始

ッパリを持ったペアは営巣のための巣材を集めます。外巣には骨組みとなるハンガー、卵ところのベッド一産座（内巣）には動物の毛などが人気。枯れ草や、ほぐした縄、捨ててある座布団の綿なんかも使います。

93

巣立ち（幼鳥）

P95 写真：松原始

ヒナはかえって1カ月（30〜35日）ほどで巣立ちとなります。が、飛ぶのも下手なので巣に逆戻りなどしながら、一人立ちまでには2カ月〜半年以上かかります。幼鳥は目が青く見え、口の中は鮮やかな赤色です。

呼んでる
ってばー

換羽

成鳥は繁殖期後に全身の羽毛が抜け替わる「換羽」を行います。P24-25などと見比べもし、換羽期の羽の傷みや抜け具合がよくわかるでしょう。「病気？」と驚く人もいますが、11月ごろまでには完了します。

落ち武者っぽい？
いえ、じきに若武者
に戻りますから！
(キリッ)

Crow's Photo Comic ❷

飛びながら…

着地決まった！

着地即出発

All You Need Is Foods

カラスライフ in 札幌

ワイルドなスカベンジャー

カラス研究者や愛好家の間で「ほかとは少々様子が違うらしい」と注目を集める札幌のカラス。ここでは彼らの生活を守るべく活動されてきたNPO法人札幌カラス研究会主宰の中村眞樹子さんの写真でその日常の一端をご紹介します。

雪景色の中での水浴び

ビルの鏡面に映った巣の様子

巣（子ども）
見張り（親）

街中での子育て

Special Interview

NPO法人 札幌カラス研究会主宰 **中村眞樹子**さん

札幌のカラスを20年近く観察＆記録し、カラスへの対応改善のために奔走。「6年後越しの夢が実現」し2017年に出版された、『なんでそうなの札幌のカラス』（→ P107）も大好評の中村さんにお話をうかがいました。

――中村さんが最初にカラスという存在を意識されたのはいつごろでしたか？

幼少期から、カラスはスズメなどと同じく身近にいる野鳥として見ていました。当時は今のような〈嫌われ者〉扱いではなかった記憶があります。昔は一軒家が多く、生ゴミはその敷地内に埋めるというのが普通で、当然カラスがそれを掘って食べていましたが、その行為自体が問題になるということもなかったですね。

私が本格的にカラス観察を始めたのは1999年ごろ、バードウオッチング中にカラスの巣が次々なくなることに気づいたことがきっかけです。不思議に思って管理者や札幌市に問い合わせたところ「危険なので撤去しました」と言われたのですが、最初はどうして"危険"なのか理解できませんでした。

そこで毎日張り込むように巣の観察を始め、見えてきたのが「カラスが威嚇をするのは、最初に人間が手出しをしていて、防御しているに過ぎない」ということでした。手出しをされていないカラスは威嚇行動もほとんど見られません。

彼らは人間が考えている以上に子煩悩で、人間をとてもよく観察しています。人の側を飛び、その際、必ず顔を見ていきます。きっとこの一瞬で記憶しているのだろうなと思います。

――観察を続けられているうちに再確認されたカラスの魅力とは？

カラスはご存知のように非常に頭がよい鳥で、見ていて飽きません。人間よりもはるかに学習能力も高く、また、住んでいる環境によって同じ札幌市内でも行動が違うことに気がつきました。

あと実感したのはやはり、彼らの「美しさ」ですね。

カラスのために団体を設立

――主宰を務められているNPO法人札幌カラス研究会が発足した理由、活動内容についてお聞かせください。

最初は役所に個人でカラスの対応についての意見を出したり交渉をしたりしていたのですが、「個人よりも団体のほうが聞いてもらえる確率が高い」というアドバイスを受け、有志とともに任意団体の「札幌カラス研究会」を設立しました。

その後マスコミなどからの取材も増えて会としての知名度も上がり、法人化を友人から勧められたことから2012年に現在の「NPO法人札幌カラス研究会」を設立しました。

現在は、行政との情報交換や行政では対応ができない事例へのアドバイス、警察からの相談、メールや電話でくる保護や負傷についての相談を受けたり、野鳥全般の餌付け問題、カラスとともに暮らしている鳥との関係性について調査をして日本鳥学会で発表したり、論文にしたりしています。また、共同研究でカラスの標識調査や病気についても調査しています。そのほか、講演や寄稿、ラジオ出演、HPやSNSでの情報発信、不定期で図書館でのカラスの絵本の読み聞かせや折り紙なども行っています。

――この活動をやっていてよかった！と思われるのはどんなときですか？

10年以上という年月がかかりましたが、行政担当者へのカラスへの理解が深まり、対応が変わったことです。それにより巣の排除が激減し、威嚇がほとんど見られないボソに関しては基本、看板対応で見守るという方法が取られています。同様にブトに関しても、「威嚇→巣を排除」ではなく、看板設置、ロープ柵をして一時的に人を近寄らせない、という方法が取られるようになりました。担当者の方はそのぶん大変な思いをされていると思いますが、無駄に殺傷せずに対策があるのなら、と協力してくれていますね。

――逆に、切ない想いをされたことは？

街中の街路樹での営巣は巣立ち条件が悪くてヒナが地面に下りてしまい、親がそのヒナを守ろうと命がけで人を追い払おうと威嚇してしまうことです。その様子を見ていると本当に切ないです。公園などであればヒナを捕まえて樹上へ戻すことにより親も落ち着くのですが、街路樹ではそれはほぼ不可能です。

最終的には業者の方が捕獲をして山や河川敷きへヒナを置いてくることになります。しかしヒナを置きにいく作業は精神的な負担もかなり大きく、皆さんやりたくないと言われますね。

ほかには、意図的にカラスを怒らせて威嚇をさせて役所に通報する「自作自演」の人も少なくないということです。その心ない行動の影響で無関係な人までがカラスから威嚇されているのが現状です。いわゆる「八つ当たり」ですね。

生態の理解で見方は変わる

――活動をされてきた中で、一般の方に知っておいてほしいと思われることは？

何かとカラスの"都市伝説"が先行する傾向が強いのですが、正しい生態を理解していただきたいですね。そうすればカラスの見方も自ずと変わると思います。

たとえば、カラスが小鳥の卵やヒナを食べると非難を浴びていますが、彼らが捕食することで小鳥の羽数の調整がで

Profile
中村眞樹子（なかむらまきこ）

1965年札幌市生まれ。NPO法人札幌カラス研究会主宰。1999年ごろから札幌・豊平公園などでカラスの観察を始め、現在は講演活動のほか自治体への働きかけ、市民からの相談などに対応している。同会ホームページなどインターネット上での情報発信を積極的に行い、メディア出演も多数。

公式サイト　www13.plala.or.jp/crow-sapporo/
Facebook @sapporo.crow.research.group
Twitter @crow_research

『なんでそうなの
札幌のカラス』
（北海道新聞社）

カラスの基本的な生活、ユニークな巣作りや子育て、威嚇行動の真実、コンビニ袋が狙われる理由——などなど、札幌で18年間ほぼ毎日カラスの行動を観察・記録している著者が、その経験をもとに、基礎知識から珍しい行動までカラスにまつわる48の気になる疑問にじっくり＆愛情たっぷりに答える。カラスをとおして人間のことも見えてくる、カラス好き派も苦手派も必読！の一冊。

きているのだということ。逆に、カラスと猛禽類は天敵同士なのでカラスがいち早く発見して追い払いますが、この行為により実は他の小鳥が守られていたりもします。もちろん、カラスは他の鳥を守るために行っているわけではなく結果的にそうなるのです。

また、気がついていない人も多いのですが、カラスは街のお掃除屋さん（スカベンジャー）でもあります。イベントの飲食場の細かい食べかすなどはカラスたちが綺麗に処理してくれています。

そのほか、都市部に多いドブネズミを捕食できるのはカラスしかいません。年により大発生する蛾も、カラスが相当数を食べてくれているのでその程度に抑えられているのです。木の実を食べて種をフンとして排泄して種の散布に役立っているということもあります。

——中村さんはSNSでカラスの写真を数多く紹介されていますが、もともと撮影はお好きだったのですか。

撮影のきっかけ＝カラスといっても過言ではありません。最初の数年は撮影機器もなく、ただただ目で見たカラスたちの様子を書き留めていたのですが、「水道の蛇口を自分で開いて水を飲むカラス」（中村さん撮影の動画「水飲みカラス・ハシブトガラス」はYouTubeで視聴可能）が登場してから、本格的に記録として撮影をするようになりました。

今は人間以外はなんでも撮影していますね。ほとんどがカラス、鳥中心ですけど。

——野鳥の撮影は難しいのでは？

難しいといわれがちですが、生態を理解していれば次にどう行動するかが想像できるので、それを待てばいいのです。

なので、私にとってカラスの撮影は難しいことではありません。ただ一般に、男性はカラスに警戒される場合が多いので、女性より撮影がしにくいといわれますね。

ちなみに他の鳥に比べると、カラスの場合は「自分が撮影されていることをわかっている」と思います。道庁の前庭に

いるカラスはよく観光客とツーショット撮影されていますが、逃げることもなくモデルを務めています（笑）。観光大使のような存在ですね。

札幌のカラスの特徴

——**ここで、札幌のカラスたちの特徴についてあらためて教えてください。**

　札幌のカラスは非常にフレンドリーだと思いますね。触ることはできないものの触れそうなほど近くまで来ますし、顔見知りの私などがしゃがみこんで撮影していると、背後からバッグをつついたり、立っていると足をつついたりしてきます。時には頭にとまろうとしてきます。

　札幌にはハシブトガラスとハシボソガラスの２種が共存していますが、両者は基本的に行動が違います。観察しているとわかるのですが、いちばんの違いは営巣場所です。ボソは比較的開けた場所を好みますが、ブトは針葉樹のような込み入った、外からだとなかなか見えにくい所を好みます。もちろんこれらは縄張りの構造によっても変わってきます。

　鳥学会で地方に行っても、可能な限り早朝に繁華街などにカラスを見にいきますが、ゴミ管理の方法が違うのもあるでしょうけれど、札幌のカラスのように大接近されるような経験はあまりありません。ここが札幌と他の土地の大きな違いかもしれません。視点を変えると、札幌のカラスは人間を上手に利用しているのかもしれませんね。

　また、札幌のカラスは四季でねぐらが変わります。これは落葉の関係だと思いますが、街中だとロードヒーティングがあり、周辺のビルに囲まれているのでは落葉している枯れ木のような所でも平気で寝ていますが、ここでもやはり２種の特徴がはっきりと出ていて、落葉している木で寝ているのは圧倒的にボソですね。

——**特に注目されているカラスのしぐさ、行動などはありますか？**

　注目しているところを答えるのは非常に難しいですね。注目度がありすぎるんです（笑）。ただ、研究会としていちばん注目している行動といえば、やはり繁殖期の行動ですね。これがすべての人に正しく理解されたらカラスに対するほとんどの問題が解決されるのでは？　と思っています。

——**最後に、読者にメッセージを。**

　カラスは普通の野鳥です。その一方で、特に行動がダイナミックなハシブトガラスは、世界的な分布を見るとその多くが日本に集中しています。日本の人にはピンとこないかもしれませんが、ブトはそういう意味では貴重な存在なのです。私の書いた『なんでそうなの　札幌のカラス』を読んでお住まいの地域のカラスと見比べていただくと、きっとカラスの魅力に引き込まれると思います。同時に、カラスを観察している人間が、実はカラスから観察されている、ということがおわかりになるでしょう。

COLUMN ❷

文：松原始

カラスが向かってくるとどれくらい怖いか

「カラスは怖くないですよ！」とさんざん書いていますが、実際に威嚇されると怖いのは事実です。

最初に本当の「攻撃」に近い威嚇を喰らったのは、京都の下鴨神社でのことでした。観察していたあるハシボソガラスの営巣木の下にペタンと座り込んだヒナを見つけたのです。巣立ってまだ2日くらいでしょうか。「くわあ」と哀れっぽい声で鳴いています。怪我はしていない様子。

落ちてしまったヒナが生き残れる確率は高くないのですが、それも本人の運命……とわかってはいるものの、やはり「枝に乗っけてやるくらいはしてもいいよね」と思うものです。私はそっと近づいて、ヒナに手を伸ばしました。親鳥はすぐ近くまで来てガーガー鳴いていますが、それ以上の「攻撃」に踏み切る様子はありません。

捕まえようとした瞬間、ヒナは「くわー！ くわー！」と鳴きました。これがヒナの悲鳴だったのでしょう。次の瞬間、「ゴアー!!」という怒号とともに、背後からヒュン！ と風を切る音が突っ込んできました。あわてて頭を下げると、頭上スレスレに黒い大きなものが急降下し、目の前で羽ばたきながら急上昇。そのままターンして、また戻ってきます。親鳥が後ろから突っ込んできて頭をかすめ、再び攻撃位置につこうとしているのです。そちらに向き直った途端、今度は反対側からもう1羽が突っ込んできました。見事な波状攻撃、しかも2羽で連携してこちらに対処する暇を与えません。

というわけで何度もハシボソガラスの急降下を喰らいながら、やっとヒナを枝の上に戻して、大急ぎでその場を離れたのでした。ただ、あれも「際どい威嚇」であって、本当に蹴り飛ばしに来たわけではないだろう、と思います。

ハシボソに威嚇されたことはほかにもあります。大学の校舎の屋上から営巣木を覗き込んだら、その木のてっぺんに巣立ちビナがいて、私を見て悲鳴を上げたのです。

このときはガランとした屋上で隠れる場所もありません。観察中なので逃げてしまうこともできません。そこでハッと気づいたのは、隣のハシブトガラスでした。この校舎の屋上の半分はハシブトのナワバリになっています。私はそっちに走っていくと、体を低くして胸壁に隠れました。

今度は反対側から、2羽のハシブトガラスがすっ飛んできました……。もちろん、侵入してきたハシボソガラスめがけて。狙いどおりです。私はハシボソガラスの相手をハシブトに押しつけて、知らん顔で観察に戻りました。

ちなみに、本当に蹴られたことはまだありません。後学のため、一度蹴られてみたいとは思っているのですが（笑）。

COLUMN ❸

文：松原始

カラスの葬式と裁判

　カラスは仲間が死んでいると集まって「葬式」をすると言われています。本当でしょうか？

　カラスが死んでいると、他の個体が集まってきて騒ぐのは事実です。ただ、べつに死者を弔っているわけではなく、異常な事態に興奮して騒いでいるというほうがいいでしょう。ハンターさんに、カラスの死骸を持っていたり、羽をむしっていたりするとカラスが集まって大騒ぎする、という話も聞いたことがあります。これはおそらく、カラスを襲うような捕食者に対する防衛行動なのでしょう。仲間が死んでいるということは何かに襲われた可能性があり、だとすると敵が潜んでいるかもしれない、ということです。大騒ぎしていればその敵は逃げ出すかもしれません。また、興奮状態で敵の姿を見れば、その記憶が焼きつけられ、次からは速やかに警戒できます。

　オーストリアの動物行動学者、コンラート・ローレンツは、著作の中で、「黒くてブラブラ揺れるものを持っているとニシコクマルガラスに攻撃された」と書いています。日本のカラスはそこまでのことはしませんが、ニシコクマルガラスは集団で営巣するので、仲間を殺したかもしれない相手には全員で襲いかかって撃退するのではないかと思います。

　もう一つ、「カラスの裁判」と呼ばれている行動もあります。1羽か2羽のカラスを集団で取り巻き、時にはリンチのように1羽を寄ってたかって攻撃する、というものです。これは非繁殖集団内で順位争いをしているときに見られます。

　私が観察した例では、まず2羽のハシブトガラスが地上でけんかを始めました。最初は並んで歩きながら肩をぶつけ合い、次にお互いに相手の脚を引っかけようとします。それから相手の脚を握って引っぱり合い、負けそうになったほうはゆっくりとしゃがみこみますが、引っ張られて仰向けになってしまいます。勝ったほうは相手の上にのしかかって威嚇しますが、負けたほうが動かなければここで行動が止まるので、それ以上の殺し合いにはなりません。

　ところが、この騒動が始まると、他のカラスたちが次々にやってきて周囲を取り囲みます。そして、そーっと近づいていって、負けたほうの尻尾を引っ張るやら、翼を引っ張るやら、チョッカイをだし始めます。やられたほうはたまったものではないので飛び起きて逃げ出し、それを集団で追い回す騒ぎになりました。

　もともとの対決は一対一でどちらが強いかを決めるためなのですが、どうやら闘争に便乗して自分も「勝った側」につこうとする連中がいるようです。そうやって、こまめに自分の順位を上げる作戦なのかもしれません。

PART4
カラスの研究

文：松原始

「そんなことに才能・労力・時間・お金…etc.をかけるなんて！」と一般の人を驚愕させる研究は実は少なくありません。カラス研究もそう見えているかも？　しかしどんなニッチな分野、テーマの研究であっても必ず何かの役には立っているのです。何かが何かは興味を持った方それぞれが調べていただくとして、ここでは古今東西のカラスにまつわる研究のほんの一部を紹介していきましょう。ワクワクしてきたあなたは明日の研究者かもしれません。

#01 整然とねぐらに帰る

山岸哲.(1962) カラスの就塒行動について：第1報　長野県下での秋冬の塒について.日本生態学会誌 12 (2) :54-59

　カラスの行動で目立つものの一つが、ねぐら入りです。この行動の古典的な研究として、1962年の山岸哲によるものをご紹介します。

　この前年、羽田健三、山岸哲らによる、長野県下のねぐらに関する論文が出されました。当時、信州大学教授だった羽田は学生一人に鳥一種を割り当て、「お前はこの鳥を調べてこい」という指導を行っていたそうです。これによって日本の鳥の基礎的な生態が次々と明らかになりました。この膨大な研究は『鳥類の生活史』という分厚い論集にまとめられています。

　さて、カラスが集団ねぐらを作ることは知られていますが、いったいどのようにねぐらに集合してくるのか、その詳細はわかっていませんでした。山岸は毎日、バイクでカラスを追いかけて、ねぐらを探したそうです。もちろんどこかで見失うのですが、見失ったら翌日はそこで待機していて、カラスが飛び始めたら、また追跡。そうやってねぐらを見つけ出し、カラスが集合する様子を記録しました。

　この研究によると、カラスは最初、小さな集団でねぐらに向かって谷間を飛び始めます。そのような小集団が次々と集合して次第に大きくなり、ねぐら近くに集結して就塒前集合を行い、それから一斉に飛び立って、ねぐらに入る。これが山岸の観察したカラスのねぐら入りでした。

　この論文ではカラスがシステマティックに集まってくる様子に重点を置いた記載がされています。山岸先生は私

の指導教官だったので直接うかがったことがあるのですが、この研究が発表された当時、「動物は一種の機械であり、刺激に対して決まった反応をするに過ぎない」という見方が一般的だったそうです。そのため、「たかが鳥ごときが」このような計画的にさえ見えるやり方で整然と集まってくるのが、非常に興味深かったとのことでした。

　また、カラスの飛行距離は30キロに及ぶこともあることがわかりました。最近のGPSを使った研究でも、特に冬期のカラスは、30キロから50キロも離れた場所からねぐらに戻ってくることが確かめられています。

　現在も、山岸が記述したねぐら入りのシステムに関する知見は覆されてはいません。ただ、細かく見ていくと、カラスはもっとパラパラとねぐら入りすることもあるし、単独で飛んでくる個体もいることがわかってきています。もっとも、これは大筋を見るか細部を見るかという違いでもありますし、時代と場所によってカラスの行動も変化するだろうということは、注意する必要があります。

　1990年代から2000年代にかけて非常に詳しくねぐらを調査したのは中村純夫ですが、その研究によると、多くのねぐらが近接して存在し、季節によって使われるねぐらが頻繁に変わることも指摘されています。夏ねぐら、冬ねぐらという考え方は羽田・山岸の論文にも見られますが、彼らが調査した当時の長野県下のような、非常に大きなねぐらが、数十キロ離れて点在している場合だけではないようです。現在、東京都心部の主要なねぐらは上野公園、明治神宮、自然教育園、護国寺などがあり、お互いに10キロと離れていません。小さなものを含めれば、数キロおきにねぐらがあるといってもいいほどです。50キロ圏内というと、銀座で餌を漁って横須賀に帰るくらいの距離になりますから、だいぶスケール感が違います。大枠がわかったら今度は「そうとは限らないぞ」という観察例が出てくる、じゃあ違う場合は何が理由かを考える……そういうやりとりが、科学の進み方です（＊）。

＊　では何が違うかというと、伊那谷と東京ではカラスの個体数、天敵の危険、餌の分布と量などがまったく違うでしょう。東京にはカラスが非常にたくさんいて、天敵の危険がほとんどなく、餌はどこにでもあります。一時的に非常によい餌場がある場合、カラスは餌場の近くに集まって寝てしまうこともあるのですが、東京ではこの「非常によい餌場がある場合」が継続していると考えることもできます。

#02 ハシボソガラスの
ニート生活？

羽田健三、飯田洋一．（1966） ハシボソガラスの生活史に関する研究Ⅰ：繁殖期（第Ⅰ報）．日本生態学会誌 16（3）:97-105

　信州大学の羽田健三らが発表したのが、ハシボソガラスがどのように繁殖しているのか、というこの論文です。この研究では、あるハシボソガラスのペアに着目し、ある年の繁殖から翌年の繁殖までを見続けています。

　ハシボソガラスは一夫一妻のペアで繁殖し、3月ごろから産卵する。卵を抱くのはメスである。その間、メスの食べる餌はオスが持ってくる……。そういった基礎的な知見を日本で最初にきちんと研究したのも、この論文です。

　非常に面白いのは、生まれた子どもの行方です。普通、カラスは夏の終わりから秋になると独立し、親のナワバリから姿を消します。ですが、この研究では、翌年の春になっても、まだ子どもが親のナワバリに住み着いていたのです。いわばニートというわけです。

　鳥の中には、子どもが親元に残って次の繁殖を手伝うものがいます。こういった「親を手伝う子ども」はヘルパーと呼ばれます。ですが、このハシボソガラスの場合、前年の子どもが子育てを手伝うことはなかったとしています。ヘルパーというわけではありません。

　そもそも、親鳥は、大きくなった子どもたちが巣に近づくのを許さなかったとも書いています。羽田らはこれを「同心円構造」と呼びました。ナワバリの中心に巣があり、その周囲には子どもさえ立ち入りを許されない「コアエリア」があり、その周辺に子どもたちがいてもいい「ア

ウターエリア」がある、というわけです。

　この当時、生物の行動や社会を明快なシステムとして捉えようという流れがありました。ニホンザルがボスザルを中心とした社会を持っているという有名な研究も、この時期です（＊）。また、鳥の縄張りについても、採餌と営巣を縄張り内だけで済ませるＡ型縄張り、外へ採餌に行くＢ型縄張り、といった類型化がされていました。ハシボソガラスの同心円ナワバリという考えも、その風潮の中で出てきたものなのかもしれません。

　もっとも、その後の研究を見ていると、このような同心円ナワバリはあまり普通のことではないようです。ハシボソガラスで「ニート」化する子どもが観察されることはありますが、社会構造が一般的にそうなっているというよりも、餌の得やすさ、侵入者の多さなどの要因によって、子どもの独立時期も変化すると考えたほうがよさそうです。

　スペインではニートどころか、はっきりとヘルパーとして子育てに参加した例も観察されています。これは「スペイン産だから」ではなく、他の場所のハシボソガラスを里子としてスペインで育てると、やはりヘルパーになることがわかっています。前年生まれの子どもを縄張り内に住まわせておくと、余分に餌を消費されますが、見返りとして防衛や子育てを手伝ってくれればお釣りがくる、そういう場合もあるわけです。

　アメリカに住むヤブカケスでは繁殖場所が限られているためにナワバリ争いが熾烈で、若鳥が独立してもそう簡単に繁殖できません。そこで、家族群でライバルからナワバリを防衛し、可能ならライバルを蹴散らしてナワバリを広げ、最終的に広げたナワバリを分割してもらって、若鳥が繁殖を始めるという例が知られています。

　ハシボソガラスではそこまでマフィア的な社会は見られないようですが、状況に応じて生き方を多少変えるくらいの融通は、持っているのでしょう。

＊このような「ボスザル」中心の社会は餌付けされた条件でないと成り立たないだろう、というのが現在の見解です。最初は餌付け群でしか研究できなかったので仕方ないのですが、野生状態での観察例が増えてくると、ニホンザルの群れはそんなガチガチのものではないことがわかってきました。餌付けしている場合は餌が一カ所に集中するので強いオスがデンと座って独り占めできます。でも、餌があちこちに散在する自然状態では、「この餌は俺のものだ」と言っても「あ、そう。あっちで食べるからいいよ」となってしまいます。ボスがふんぞり返っても利益があまりないのです。

#03 カラスが食べているもの

池田真次郎. (1957) カラス科に属する鳥類の食性に就いて. 鳥獣調査報告 16,1-123 農水省、東京

　昨日何を食べましたか、と質問すれば、人間の食べているものはわかります。飲食店で提供されるメニューや、食品の流通量を調べても、判断できるでしょう。
　ではカラスが食べているものは？
　一羽のカラスが食べているものを「すべて」観察するのは不可能です。見ていないところで何か食べているかもしれません。仮に一羽のカラスをつぶさに調べたとしても、春と秋では全然違うものを食べているかもしれません。頑張って一年じゅう見たとしても、北海道のカラスと九州のカラスは餌が違うかもしれません。頭が痛くなります。これをなんとかしたのが、この研究です。
　有害鳥獣駆除で捕殺されたカラスを日本じゅうから集め、ハシブトガラス、ハシボソガラスとも300個体以上の検体を解剖し、胃内容物を調べたという広範な調査でした。駆除個体なので季節もさまざまです。
　糞分析と違って、消化されて糞に出てこないものでも、消化途中なら確認することができます（*）。この時代はそう簡単にクール便で配送する技術もなかったので、消化管だけ液浸で送ってもらって調べている例もあります。報告書の発行は1957年ですが、研究は戦後すぐから始まっており、実になんとも、気の遠くなるような地道な作業をこなしたのだろうな、と想像できます。
　この研究の真の凄さは、ここからです。
　カラスは雑食性です。しかも、樹上でも地上でも餌を

＊　糞分析のほか、ペリット分析も用いられます。ペリットとは骨などの不消化物を固めて口から吐いたもので、猛禽やフクロウも吐き出します。カラスの場合、種子も吐くことがあります。

採ります。何を食べているか、わかったものではないのです。その結果、サンプルにはありとあらゆる動植物の破片が含まれていることになります。

それを、骨一つからネズミの、鱗や耳石から魚の、種子から植物の、バラバラになった破片から甲虫の種を割り出し、しまいには体表面の毛を顕微鏡で見ながらミミズを同定することまでやっています。根気や熱意だけでなく、多方面の知識と技術がないとできなかった研究でしょう。

その結果、今も基礎知識とされる「ハシブトガラスはハシボソガラスより肉食性が強い」「ハシボソガラスは肉の中では鳥類を食べている」「どちらも果実食性が強い」「ハシボソガラスはしばしば穀類を食べている」といった知見が得られています。

一方、池田は報告書の中で慎重にも「この結果は有害鳥獣駆除個体から得られたもので、ということは田畑にいたカラスばかりだろうから、それ以外の環境では結果が違うかもしれない」と注意を喚起しています。これは重要な視点です。死ぬほど調べても結論として言えることはほんの一かけらで、それすら「自分が調べた条件では」という但し書き抜きには語れないのが科学だからです。

なお、北海道の家畜小屋付近で調査された例では、少し違った結果が出ています。ハシブトガラスの餌はかなりの部分が穀類で、むしろ植物食傾向を示しました。ハシボソガラスは昆虫食が多い、という結果になっています。これはハシブトガラスが畜舎に入り込んでデントコーンなどの飼料を食べ、ハシボソガラスは周囲の草地で昆虫を食べていたからです。

このように、状況によってカラスの餌は大きく変化しますが、池田の研究は全般的な餌内容の傾向に関して重要な知識を公表してくれた貴重なものです。

#04 都会派ハシブトガラスの生活

黒田長久.(1981) バフ変ハシブトガラスの観察とそのなわばり生活. 山階鳥研報 13(3):215-227

　鳥を調査するときは、捕獲して足環などで標識し、個体識別しておくのが普通です。でないと、自分が観察しているのがいったいどの個体なのか、区別がつかないからです。

　ところがカラス、特にナワバリを持って繁殖している個体は用心深く、そう簡単に捕獲することができません。しかし、捕獲せずとも個体識別ができてしまった例があります。それが、この黒田長久の研究です。しかも自宅マンションからカラスを観察した詳細な記録です。

　黒田長久は山階鳥類研究所の所長でした。長久の父、黒田長禮も、日本の鳥類学を作った極めて有名な学者の一人です。

　さて、この論文で黒田が観察したハシブトガラスはバフ変個体、つまりバフ色（褐色）に変色した、珍しい個体でした。メラニンを合成し、羽毛に配列させる経路のどこかに異常があって、色が薄くなってしまったのでしょう。バフ変個体が何羽もいて知らないうちに入れ替わっていた、なんて確率はごく低いでしょうから、個体識別できていたと考えてよいと思います。

　この個体は3年前に皇居での鳥類一斉調査でも発見されていました。おそらく、その個体が成長し、黒田の住んでいた赤坂のマンションの真ん前で繁殖を開始したのだと考えられています。

　この研究により、ハシブトガラスの繁殖行動がどんな

ものか確認されました。また、ナワバリの範囲は約49ヘクタールと計算されています。これは直径800メートルの円に相当し、都市部のハシブトガラスにしてはずいぶん大きな範囲なのですが、どうやら70年代終わりごろの赤坂はそんなに立て込んでおらず、ゴミも少なかったようです。この論文にも同時期の渋谷ではせいぜい6ヘクタール程度のナワバリだろうと書いており、これは繁華街でゴミが多いことや、ビルが立て込んで視界が遮られるため、近くに他のナワバリがあってもけんかにならないのが原因だろう、と考察しています。

　ハシボソガラス同様に雌が抱卵し、雄が餌を持ってくること、しかし巣には入らずに雌を呼び出して餌を受け渡すことなども、この論文で確かめられています。営巣中のハシブトガラスが一度ねぐらに行ったものの、ヒナが寝つかないので戻ってきて、餌を与えて「寝かしつけてから」またねぐらに行った、としているのもこの論文です（残念ながら、ねぐらに行ったとか戻ったとかをどうやって確認したかは書かれていません）。

　いまだにきちんと確かめられていない面白い観察も、この論文に書かれています。このバフ変個体がまさに繁殖しているときに、何キロも離れた渋谷で採餌する様子が観察されているのです。ハシブトガラスは時に、餌を求めてヒョイとナワバリを離れ、長距離の採餌トリップを行う可能性が高いのです。これはハシブトガラスの社会や個体間関係にも関わる、なかなか面白い指摘なのですが、残念ながら前述したように繁殖個体の捕獲は難しく、なかなか彼らのナワバリ生活をくまなく追跡した研究は出てきません。

　黒田長久のハシブトガラスに関する論文は数多く、ほかにも消化管内の寄生虫（＊）に関する所見や音声に関するものがあります。また、知見をまとめた『Jungle Crows of Tokyo』という英文の本も出版されています。

＊　黒田長久の論文によると、消化管内の線虫類が極めて多い、とのことです。どこで何を食べているかわかりませんので、どこかで寄生されてしまったのでしょう。また、ハシブトガラスとハシボソガラスが羽ばたくときの翼の振り幅の違いなどにも、論文で触れています。

#05 カラス3種の採餌の違い

J.D.Lockie (1956) The food and feeding behavior of the Jackdaw, Rook and Carrion Crow. Journal of Animal Ecology25 (2) :421-428
R.K.Waite. (1984) Sympatric Corvids. Behavioral Ecology and Sociobiology 15 (1) :55-59

　ロッキーとワイトはどちらもヨーロッパでカラスを研究した人です。

　ロッキーはイギリスで、同じように牧草地を歩いて餌をとっている3種のカラスの関係について調べました。ハシボソガラス、ミヤマガラス、ニシコクマルガラスです。彼はまず、カラスの採餌行動をいくつかに分類し、獲物に飛びつく「ジャンピング」、石や土塊をひっくり返す「クロッド・ターニング」、草の間にくちばしを入れて押し広げる「サーフェス・プロービング」、土の中にくちばしを差し込んで押し広げる「ディープ・プロービング」などと名づけました。それから、カラスを観察して、それぞれの種がどのような採餌テクニックを使っているか、まとめたわけです。

　ロッキーの論文で主に比較されているのはミヤマガラスとニシコクマルガラスです。比較するとミヤマガラスは地面を歩いて何か拾ったり、引っ張りだしたりして食べることが多く、ニシコクマルガラスは小さくて身軽な体を生かして、昆虫にピョンと飛びついて食べることが多いのが、表から見て取れます。また、ディープ・プロービングはミヤマガラス特有に近く、ミミズの潜む穴にくちばしを突っ込んで押し広げ、さらに押し込んで……とミミズを追うように深くくちばしを差し入れる行動としています。ミヤマガラスはくちばしが細長いので、これがうまくできるわけです。このように、カラスの形態と行動は常に関連

していることや、同じ場所でけんかせずに暮らしている場合、資源を違えて衝突を避けている様子を示しています。

ただ、この論文のいちばんの見所は、採餌行動を示したイラストだと思います。なんというか……こう、なかなか味のあるタッチの絵で、ミヤマガラスがミミズを引っ張りだしている絵が描かれています（＊）。

これを受けてのちに研究したのがワイト。この人はさらに詳細に「ミヤマガラスとハシボソガラスは本当にけんかしないのか、けんかするならなぜなのか」といった点を研究しています。

その結果、ミヤマガラスの集団がやってくると、ハシボソガラスが怒って追い出そうとすることがわかりました。ロッキーの意見では、彼らは採餌行動や餌を違えているので競争が起きにくいはずなのに、なぜでしょう？

ワイトの研究によれば、最大の問題は、ミヤマガラスが集団で歩き回ると、ミミズがその気配を探知して深く潜ってしまうことにあります。ミヤマガラスは前述した「ディープ・プロービング」が使えるので、ミミズが潜ってしまってもあまり困りません。ですが、ハシボソガラスのくちばしは太すぎて上手にミミズを追うことができません。そのため、ミミズが潜ってしまうと困るのです。つまり、ハシボソガラスにとっては、ミヤマガラスが集団でやってきてドカドカ歩き回るだけで邪魔なのです。ワイトは、これが２種の争う大きな理由だとしています（＊＊）。

一方、ミヤマガラス本人は集団で歩き回っても大丈夫な採餌方法を身につけていますから、もしミミズを食べる気になってもべつに困りはしません。彼らは常に集団でやってきては何か餌を探す生き物だからです。

このように、「うまくいっているように見える動物たちの関係性も、実はものすごく微妙な利害関係のバランスの上に成り立っている」というのも、よくあることなのです。

＊　論文を読みながら、松本零士の描く「トリさん」を思い出したのはこれだけです。

＊＊　日本でもけんかしていることがありますが、日本のミヤマガラスではディープ・プロービングを見たことがないので、単純に餌が競合しているのでしょう。

#06 ハシブトガラスはどこにいる？

H. Higuchi (1979) Habitat Segregation between the Jungle and Carrion Crows, *Corvus macrorhynchos* and *C. corone*, in Japan. Japanese Journal of Ecology 29 (4) :353-358

　ハシブトガラスとハシボソガラス、日本では共存していますが、好んで分布する環境は違います。たとえ同じ町にいたとしても、微妙に居場所が違います。ハシブトガラスは森林と都市部に、ハシボソガラスは農地などに多いというのが、現在の解釈です。

　最初にこれに触れたのは1972年の倉田篤・樋口行雄の研究でした（ややこしいですが、上で紹介している英語の論文の著者とは別の樋口氏です）。これはねぐらについての調査なのですが、山にあるねぐらにはハシブトガラスが多いことに触れています。このことから、倉田らは「ハシブトガラスは標高の高い場所に多い」と結論しています。

　一方、次第に東京に増えてくるハシブトガラスに対して、「東京は標高が低いじゃないか」と調べ直したのが、樋口広芳による研究です。

　この研究の結果は今に至るスタンダードでもあるのですが、何より面白いのは、手早く広域に観察し、カラスをたくさん見るための方法です。樋口は東海道線の列車を使い、車窓に見えるカラスの種類と周辺の環境を記録しました。歩きながら鳥を探す、ラインセンサスという調査法はありますが、列車を使った例はたぶん、これだけです。もちろん、走る列車からカラスを発見し、種を識別するには、相当な熟練がいります。

　この結果、ハシブトガラスが多いのは標高の高い場所

ではなく、森林と大都市だということがわかりました。一方、ハシボソガラスが多いのは農耕地でした。ハシブトは森と都会、ハシボソは農地……私も何度となく書いてきた、現在のスタンダードな知見が示されたのは、この論文です。

　倉田らの発見は間違いだったわけではありません。確かに、標高の高いねぐらにはハシブトガラスが多かったのでしょう。ですが、その理由はおそらく、「標高が高いから」ではありません。「標高の高いところは山地で、周辺に森林が多かったから」です。このように、観察された事実は間違っていないが、その解釈が後から変わる、というのはよくあることです。

　では、なぜ、そもそもハシブトガラスとハシボソガラスは環境に対する好みが違うのでしょう？

　樋口広芳は世界的な分布の傾向に注目しています。ハシブトガラスはジャングルクロウと呼ばれることからもわかるように、基本的には森林に分布する鳥です。分布の中心は南アジアから東南アジアの深林の発達する地域ですし、ヒマラヤ地方での分布は森林の分布とよく一致することが報告されています（*）。一方、彼らは食べ残しを漁るスカベンジャー（掃除屋）でもあります。人間の食べ残しであるゴミが多く排出される都市部は、ハシブトガラスにとって餌の多い環境であり、餌に惹かれて都市部に進出したのだろう、と考察しています。

　一方、ハシボソガラスはユーラシアの平地に分布する鳥で、農地や草地によく見られる鳥です。深い森林の中には住んでいません。このことから、彼らはもともと平地に適応しており、日本でも農地に住んでいるのだろう、としています。

　以後、これが日本のカラスの「住み分け」に関する、スタンダードな知識となりました。私もハシブトガラスとハシボソガラスの行動について研究しましたが、もちろん、その研究にあたってこの論文を参考にしています。

＊　シェーファーの1938年の論文によると、チベットでは一時的に森林限界を超えて餌を採りにくることはあるが、分布の限界は深林とだいたい一致する、となっています。インドの乾燥地でハシブトガラスを見たという友人も、そこだけ疎林があるところにいたと言っていました。

#07 カラス大作戦

唐沢孝一（1988）カラスはどれほど賢いか　中央公論，東京
E. Morishita, K. Itao, K. Sasaki and H. Higuchi (2003) Movements of Crows in urban areas based on PHS tracking. Global Environmental Research7 (2) :181-191
竹田努、青山真人、杉田昭栄（2015）ハシブトガラス（*Corvus macrorhynchos*）の移動距離と家畜農場への飛来の季節変動．日本畜産学会報 86 (2) :191-199
藤田紀之、服部俊宏、東淳樹、尾上舞、矢澤正人、瀬川典久（2015）ハシブトガラスの行動圏特製の把握と個体数調整対策のための計画圏域の検討．農村計画学会誌 34 (2) :160-166

　追跡を振り切って逃亡する車。しかしその車には小さな装置が貼り付けられている。作戦本部ではスクリーン上に地図が表示され、そこを移動する赤い点が現在位置を示している……。といったシーンはスパイ映画などでお馴染みですが、はっきり言いましょう。
「電波発信器って、あんな便利なもんじゃねえよ」
　今は近いものがありますが、少し前までは絶対無理でした。
　飛び回るカラスの位置をちゃんと突き止めたい。これは昔から、いろんな人が夢見てきたことです。日本で最初に試したのは、唐沢孝一ら都市鳥研究会によるもので、1980年代のことでした。
　このときは捕獲された若いカラスに電波発信器を取り付け、アンテナでその発信方向を特定する、という方法でカラスの居場所が特定されました。方向探知はすべて人力です。私もやったことがありますが、ポータブル無線機を下げ、大きなアンテナを手に持って振り回し、無線機から聞こえる「ブッ・ブッ・ブッ・ブッ」という音に耳を澄まして方向を特定するのは、ほぼ職人芸の世界です。しかも、1カ所から方向探知しただけでは、カラスの位置はわかりません。2カ所、できたら3カ所から同時に方向探知して（＊）、地図上に「ここからはこっちの方角だった」「俺のところからはこの方角だった」と線を引き、やっと「じゃあここだな」とわかるのです。

＊　電波の来た方角を記録し、地図上で線を引いて作図します。2カ所から方向探知した場合、2本の線がどこかで交わるはずですが、それが推定される発信源です。3カ所から探知した場合は1点で交わることはまずなく、小さな三角形を描くので、その中心にいるものと考えます。

当時の発信器は大きくて重く、カラスにも負担になりました（＊＊）。それでも電池寿命はわずか数日。しかも東京都心ではビルが電波を乱反射させてしまい、どこから電波が来ているのか把握できない場合も、しばしばあったそうです。

　2000年代になって新たな技術が開発されました。NTTの協力を得て、東京大学農学部の森下英美子らがPHSをカラスに取り付けたのです。場所を知りたいときはカラスに電話して「今どこだ」と聞く……わけではありません。どの基地局から通信できているかを元に、その位置を割り出すことができるシステムでした。PHSは街中であればあるほど、アンテナがたくさんあって高精度という特徴があります。こうして、東京の若いカラスはあまり大規模な移動はしないが、頻繁に居場所を変えること、必ずしもねぐらで寝るわけではないこと、などが判明しました。同じ方法による調査を国立科学博物館付属自然教育園も行っており、若いカラスの一日の行動距離は500メートル程度、という結果も出ています。

　ですが、この方法はあっさり潰れました。携帯電話各社がPHS事業から撤退したからです。これに変わる方法として浮上したのがGPSデータロガーでした。カラスに背負わせておけば自動的に位置データを記録してくれる便利な装置ですが、一つ問題があります。データを読み出すためには、カラスをもう一度捕まえてロガーを外さないといけないのです。竹田努らの研究では、268個体にロガーを取り付け、89個体が再捕獲されています（ということは、餌欲しさに2度も捕獲小屋に入ったアホが約3割もいた、ということです）。藤田紀之らの研究ではGPS-TXという、基地局からデータを無線送信してくるので再捕獲の必要がないシステムを使っています。現在は手持ちのアンテナだけで数キロ離れた場所からデータのダウンロード可能という、夢のようなシステムもできています。

＊＊　この当時、発信機などを動物に取り付ける場合は体重の10％以下にするのが推奨されていました。重すぎると動物の負担になってかわいそうだし、行動が変化してしまっては研究にも差し障りがあるからです。現在はさらに厳しく、2％以下にすべきといわれています。なお、発信機やロガーの部品の中でいちばん重いのは電池ですが、最近は太陽電池を使ったものもあります。

#08 ワタリガラスの社会

バーンド・ハインリッチ　(1995) ワタリガラスの謎 . 渡辺政隆（訳）どうぶつ社 , 東京
Bernd Heinrich (1999) Mind of the Raven. Harper & Collins, NY

　バーンド・ハインリッチはアメリカでワタリガラスを研究しました。元はドイツ人なので、翻訳によっては「ベルンド・ハインリッヒ」となっていますが、同じ人です。ハインリッチの弟子筋でワタリガラスの知能を研究しているトマス・バグニャーという人に会ったことがあるのですが、彼に言わせると「バーンドはクレイジーだ」とか。そのクレイジーぶりの一端は、『ワタリガラスの謎』にも描かれています（*）。

　ハインリッチがワタリガラスの社会について研究を始めたきっかけは、大きなヘラジカの死骸を前に大声で鳴いて仲間を呼び集めるワタリガラスを見たことでした。せっかくの餌を独り占めしないで、仲間と分け合うのはなぜでしょう？　動物は「自分の利益が下がっても仲間の利益になるように行動する」という利他行動も行いますが、かなり稀な例です。また、利他行動であっても「情けは人のためならず」で、回り回って自分の利益になる、というのが基本です。

　ハインリッチが最初に考えたのは、「どこかにいるかもしれない捕食者を警戒して、仲間を呼び集めることで身の安全を確保しているのではないか」という仮説でした。ですが、観察してみると、この「仲間を招集する」行動は、餌を食べ始めてからも続くことがわかりました。安全に餌が食えているなら、敵がいないことはもうわかっています。それ以上仲間を呼んで自分の取り分を減らす

＊　ハインリッチはトライアスロンに出場したこともあるアスリートなのですが、本を読む限り、-20度近い夜明けに木に登ってワタリガラスを待っていたとか、ワタリガラスをおびき寄せる餌にするために羊の死骸をもらい、カチカチに凍ったそれをかついで雪の中を歩いたとか、なかなかクレイジーなことをしています。

意味がありません。

　さらに観察や実験を続けた結果、招集をかけない個体がいることもわかりました。この場合は黙って、1羽か2羽で餌を食べています。他のワタリガラスが来ると追い払います。そう、これはペアなのです。

　ナワバリを持たない若い個体がいい餌を見つけた場合、そこが誰かのナワバリになっていたら、ナワバリ持ちの強い大人に追い出されてしまいます。そこで大声で鳴いて仲間を呼び集め、追い払いきれないくらいの大集団を作ってしまいます。そうやって数で勝負することで、ナワバリ個体に対抗しているわけです。もちろん仲間が増えれば取り分は減りますが、一口も食えずに追い出されるよりはマシ、ということです。

　これがハインリッチの結論でした。この本には仮説を立て、検証してゆく長期間の研究の様子が生き生きと描かれていて、まさに一緒に研究しているような気にさせられます。また、筆者が「捜査と謎解きの物語」と称しているように、推理小説のような興奮も味わえます。

　続編の Mind of the Raven は残念ながら邦訳されていませんが、ワタリガラスをめぐるさまざまなエピソードや調査の様子が描かれています。ワタリガラスのヒナがどれだけ餌を食べるかといった情報も、彼の飼育経験を元に記述されています。ちなみに、ワタリガラスのヒナはほとんど水を必要としないそうです（＊＊）。

　また、『ワタリガラスの謎』で一度は結論したワタリガラスの社会について、「ナワバリ個体同士にも社会的な関係性があるようで、あまり排斥されないペアやいつもけんかしているペアもいる」「今まで考えていた以上に、お隣さんとの関係も複雑なのかもしれない」と匂わせています。残念ですが、ワタリガラスの社会について野外で研究しようという「クレイジー」な人は、ハインリッチ以後あまりいないようです。

＊＊　脂肪を分解する過程で水が分離されるので、この水分だけで生きていられるようです。気候の違いもあるでしょうが、日本のカラスはしばしば、給餌する前に水を口に含み、雛の口の中に餌と水を同時に流し込んでいます。

『ワタリガラスの謎』
（どうぶつ社）

#09 カレドニアガラスの道具使用

G. R. Hunt (1996) Manufacture and use of hook-tools by New Caledonian Crows. Nature379:249-251
G. R. Hunt, F. Sakuma and Y. Shibata (2002) New Caledonian Crows drop candle-nuts onto rock from communally-used forks on branches. Emu102 (3) :283-290
S. Jelbert, A.H. Taylor, L. G. Cheke, N.S. Clayton, R.D. Gray (2014) Using the Aesop's Fable Paradigm to investigate causal understanding of water displacement by New Caledonian Crows. PLOS ONE 9 (3)

　長い間、道具を使うのは人間だけの特徴だとされてきました。ですが、エジプトハゲワシ、キツツキフィンチ、チンパンジーなど、明らかに道具を使う動物が見つかると、今度は道具を「作る」のが人間の特徴ということになりました。とはいってもチンパンジーも道具を自分で作ってシロアリを釣ったりするのですが、チンパンジーは極めて人間に近縁な動物なので、「まあそういうこともあるかな」といった雰囲気だったのです。1996年、そこに衝撃的な論文が発表されました。野生のカラスが道具を作り、使っているというのです。

　これを報告したのはギャビン・ハントという研究者でした。彼が観察したニューカレドニア島のカレドニアガラスは、少なくとも3種類の道具を作って使うことができ、倒木の穴の中にいる幼虫などを、道具を使って採餌していました。

　テレビ番組も当然、この行動に目をつけました。当時、番組制作プロダクションで仕事をしており、カレドニアガラスの撮影に行ったのが柴田佳秀と佐久間文男です。

　柴田らの撮影により、カミキリムシをどうやって捕まえているかも明らかになりました。穴の中に潜んでいる幼虫を枝先でコチョコチョとくすぐると、幼虫は怒って枝に噛みつきます。そこを釣り上げていたのでした。

　また、撮影スタッフは新たな行動も発見しました。森の中に大きな岩があり、そこにナッツの殻が散乱してい

たのです。カラスが何度もそこでナッツを割っているのは確実でした。でも、なぜここでだけ？

これもスタッフの観察と撮影で解明されました。その岩の真上には二叉(ふたまた)になった小枝があり、ちょうどナッツを置くことができます。それからくちばしでチョンと押してやると、ナッツはピタリ、岩の上に落ちて、確実に割ることができるのでした。そのため、この論文は柴田、佐久間、ハントの連名になっています。その後、立教大学の研究グループが、カタツムリの殻が散乱した「カタツムリ割り場」も発見しています。

その後、ケンブリッジ大学が中心となってカレドニアガラスの知能に関する研究が進められました。ケンブリッジ大学史上最年少の正教授であるニコラ・クレイトンやラッセル・グレイが有名です。さまざまな研究の結果、イソップ物語にある「水瓶に石を入れて、水位を上げてから水を飲む」という行動を、カレドニアガラスが本当に行うことまで判明しました。さらに水に浮く物と水に沈む物を与えると、しばらく試行錯誤したのち、ちゃんと沈むほうを投げ込むようになります。また、道具を作って使うカラスはカレドニアガラスだけではなく、飼育下であればミヤマガラスも行うことがわかっています。最近ではハワイガラスでも道具使用が見つかっています。ハワイガラスは野生状態では絶滅しており、ハワイとサンディエゴで飼育されていて、野生復帰計画が始まったところです（＊）。

このように、カラスの認知能力の高さを知らしめることになったカレドニアガラスと一連の研究ですが、大半の研究は飼育下での実験です。認知や知能に関する研究は、条件を統制しやすい飼育条件下で行うのが普通です。

カレドニアガラスの野外での研究例は意外なほど少なく、彼らが普段何をしているのか、まだあまりわかっていません（＊＊）。

＊　ハワイガラスの道具使用はサンディエゴ動物園で発見されました。野生復帰に向けて森を模した大きなケージに移動させたら、いきなり道具を使ったというのです。飼育員は「飼育しているときにカラスの前でそんな道具を作ったり使ったりする様子を見せたことはなく、人間の真似をしたのではないはずだ」と言及しています。

＊＊　カレドニアガラスは下ぶくれ気味に見える変わった嘴を持っていますが、伊澤栄一・山﨑剛史は、この嘴も道具使用に重要ではないかとしています。上下の嘴の合わせ目が直線的なので、道具をくわえたときにまっすぐ前を向き、いわば嘴の延長のように使えるからです。他のカラスは下向きにカーブしているので、道具をくわえるとそっぽを向いてしまいます。

#10 ハシブトガラスの社会と音声

相馬雅代、長谷川寿一（2003）ハシブトガラス（Corvus macrorhynchos）における集合音声と採餌群れの形成．日本鳥学会誌 52（2）:97-106
N. Kondo, S. Watanabe, E. Iawa (2010) A Temporal Rule in Vocal Exchange among Large-billed Crow Corvus macrorhynchos in Japan. Ornithological Science9 (1) :83-91

　カラスの音声は非常に多彩です。ワタリガラスなど、「森の中から老練な猟師にも何かわからない声が聞こえたら、それはたぶんワタリガラスだ」というくらいだそうで、突拍子もない声で鳴くこともあります。ヨーロッパではハシボソガラスの音声が研究された例があるのですが、日本にはハシボソガラスよりはるかに多彩な声で鳴く、ハシブトガラスがいます。彼らの音声に「意味」はあるのでしょうか？

　動物の音声は、少なくとも信号として成立する場合があります。細かい文法はなくても、「この音を聞いたら集まれ」「この音を聞いたら逃げろ」といった合図にはできるからです。また、鈴木俊貴の研究（＊）などから、鳥の警戒音声には文法のようなものがあることもわかってきています。

　ハシブトガラスで興味深い観察を行ったのが、相馬雅代・長谷川寿一の論文です。相馬らは「カアカアカアカアカア」という連続した声を流すと、カラスが集まってくるとしています。ただし、集まるときと集まらないときがあり、集まらないときには1羽か2羽の個体がやってきた、と聞いたことがあります。集団の集合か少数個体の飛来か……これはワタリガラスの「集合音声」を思い出す事例です。おそらく、ワタリガラスと同じく、ナワバリ持ちの繁殖個体に邪魔されないよう、多くの仲間を「招集」するときの音声なのだろうと考えられています。

＊　鈴木の研究によると、「集まれ」という信号と「逃げろ」という信号を連続して流した場合、「集まれ」「逃げろ」の順だと集まってから逃げますが、「逃げろ」「集まれ」では反応しません。なんらかの規則があるのだろうと考えられています。

飼育条件下も含めてハシブトガラスの音声について詳細な研究を行ったのが、慶応大学の渡辺茂、伊澤栄一、近藤紀子らです。その研究によると、ハシブトガラスは一声だけ「カア」と鳴く声があり、この音声は個体特異性があります。集団のメンバーが一羽ずつ「カア」「カア」と鳴いていることがありますが、この「カア」は誰かが鳴くと0.2から0.8秒の間に発せられることがわかりました（＊＊）。また、ハシブトガラスは仲間の外見と声をセットで覚えていることも、実験によって確かめられました。つまり、「カア」という音声のやりとりで、カラスたちは誰がそこに来ているかを確認していると考えられます。

　これらの研究から、ハシブトガラスは鳴き声で仲間を呼び寄せ、さらにそこに誰が来ているかを確認し合っている、と推測できます。ハシブトガラスは、音声を使って想像以上に複雑なやりとりを行い、社会を維持しているということです。

　音声信号をカラスの行動のコントロールに使おうとしている例もあります。従来からカラスのディストレスコール（敵に襲われたときの声）を流してカラスを追い払おうという方法はありましたが、音声がそもそも日本のカラスのものではなかったり、すぐに馴れてしまって逃げなくなったりという問題がありました。ディストレスコールによって一時的に逃げたとしても、実際には危険がないことがわかれば、カラスは戻ってきてしまいます。

　宇都宮大学でハシブトガラスの音声を研究した塚原直樹の計画は、ハシブトガラスの音声を広い範囲で再生し、カラスの群れがいるように見せかけて、ねぐらを誘導しようというものです。単純に脅すだけではなかなか効果的にねぐらを移動させられないのですが、この手法により、街中にできてしまったカラスのねぐらを誘導できるのではないかと期待されています。

＊＊　相手の声に返事をする場合、間が空きすぎると「あいつが何か別の目的で自発的に鳴いた」と見なされてしまい、返事だと理解されません。人間の会話の場合は「さっきの話だけどさ」などとつなぐことができますが、動物の信号ではこれができません。このような例はいろいろあり、たとえばニホンザルは「クー」というコンタクトコールを発して群れの広がりを把握しますが、誰かが「クー」と鳴くと間髪入れず、他のサルが「クー」「クー」と鳴き返してきます。

COLUMN ❹

文：松原始

カラスを食べてみる

　カラスを食べるというと、「なんでまたそんな……」と言われそうですが、毒がない限り、だいたいのものは食えます。ただし、世の中の大半のものは毒ではないだけであって、わざわざ食べたがるほどの味でもありません。

　私が食べたことがあるのは若いハシボソガラスの雄で、自然死した個体でした。あまりに新鮮だったので、計測して解剖して、骨格は外部形態を研究している友人にプレゼントしたあと、残った肉を試食してみたのです。

　結論から言えば、カラスの肉はガチガチに固く、まったく脂っけもなく、血の味がするものでした。格安の牛肉赤身とレバーを混ぜたような風味、と言えばいいでしょうか。ろくに処理もしていない野生動物を焼いて塩を振っただけにしては上等だとも思うのですが、わざわざ食べたい味でもありません。

　何人かに味見してもらったところ、半分が「うまい、あるいはまあまあうまい」、半分が「まずい、あるいはまあまあまずい」で、一人だけ「絶対に食いたくない」と拒絶されました。食べた人の中には「生ゴミ味」と評した人もいたのですが、確かにカラスのレシピ本を出している塚原直樹さんも「下処理しないとゴミ臭い」と評価しています。私が食べたときは、少なくとも新鮮な肉は、そこまでひどくなかったと思うのですが、種類や餌にもよるのでしょう。

　日本にもカラス料理がある地域はありますが、叩いて薬味と味噌を混ぜて焼いて……など、必死で元の味を消そうとしている感じがします。ですが、かの美食大国、フランスにだってカラス料理のレシピはあります。

　カラスの肉は赤黒く、大量にミオグロビンを含んでいます。ミオグロビンはヘモグロビンに類似した物質で、分子中に鉄を抱えています。これが加熱したときのレバーっぽい、血の臭いの元になるわけです。レバーと同じで、加熱するほどこの臭いは強くなりますが、野生動物を加熱不十分なまま食べるのは病原体に感染する危険があり、絶対に生焼けで食べちゃダメです。カラスの音声を研究していた塚原さんは料理好きでもあるのですが、彼の著書によると、牛乳や塩麹で下処理すると風味や食感が劇的に改善されるとのこと。レバカツやレバーペーストが好きな人なら、おいしく食べられるのではないでしょうか。

　とはいえ、わざわざ捕って売ってもあまり売れそうには思えませんし、カラスみたいにけんかっ早くて飛び回る鳥を養殖もできません。駆除して捨ててしまうくらいなら食べるという手もあるよ、といった程度で、「おいしいからどんどん食べよう！」といったものではなさそうです。

Welcome!
カラスファンクラブ

「ダークヒーロー」と呼ばれる存在の魅力はどこにあるのでしょう。構造色のように複雑な輝きを見せる一筋縄ではいかない個性、一見こわそうだけどよく見ると黒目がちなつぶらな瞳、不意に飛び出す意外なツンデレ要素……これらをカラスに見いだすのはカラスの勝手ならぬ身勝手な人間ですが、ここではそんなカラス好きのツボをくすぐる人物や書籍、各種グッズなどをご紹介していきましょう。

※本ファンクラブは本書読者の方は自動入会となります。

Key Person Interview I

写真家
宮崎学さん

まさに前代未聞の写真集『カラスのお宅拝見！』（→ P136）で読者を驚嘆させた宮崎さん。そのカラスとのおつき合いの始まりをご紹介します。

1972年にプロとしての活動をスタートして以来、一貫して動物と自然を撮り続け、作品から人の営みの変遷をも伝えてきた宮崎さんが、その黎明期に手がけた写真絵本『からす』。1976年3月刊行の同書については『カラスのお宅拝見！』でも触れられていますが、そもそも宮崎さんがカラスに注目するようになったのは、生まれ育った長野県上那郡中川村に3000羽以上が集まるような大規模なねぐらがあったことがきっかけでした。彼の地でのカラスの一年の暮らしを綴った『からす』は、冬の気配を残した春に始まり、竹やぶで大群で眠りにつく寒い冬で終わる、叙情性に満ちた一冊。20代前半の宮崎さんが数年間取り組んだカラスの写真群は、身近なはずなのに知られていなかった野鳥の「生」を生き生きと伝えてくれます。フィルム撮影、当時の機材等を考えると若き写真家の情熱と技術、工夫がどれほどのものだったか、そしてそれらの経験が現在の宮崎さんの写真世界を下支えしていることは想像に難くありません。

ちなみに、「『からす』の写真を撮影した巨大なねぐらは当時の場所にはもうありません。ねぐら自体がどんどん人間の生活圏に近づきその中に入っていたりと、カラスの生きる場所も、あり様も変わり続けています」と宮崎さん。人もそうですが、それを映すようにカラスを含む自然も、50年前から現在まで刻々と移り変わっているのです。その様子を見続けてきた宮崎さんのカラスをテーマにした集大成的一冊が2009年刊行の『カラスのお宅拝見！』です。

また、ハイテク、ITにも精通し、より充実した情報を伝える写真を撮るため、試行錯誤も厭わない宮崎さん。その活動の様子（さまざまな動物たちに交じり、時々カラスの写真と報告も！）は、公式サイト「宮崎学写真館 森の365日」http://www.owlet.net/ などでチェックすることができます。

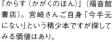

『からす（かがくのほん）』（福音館書店）。宮崎さんご自身「今手元にない」という稀少本ですが探してみる価値はあり。

Profile
みやざきまなぶ

写真家。1949年長野県生まれ。精密機械会社勤務を経て、1972年写真家として独立。中央アルプスを拠点に動物を撮り続け、「けもの道」に注目した撮影などで独自の分野を開拓した。現在は「自然と人間」をテーマに、社会的視点に立った「自然界の報道写真家」として活動中。1990年『フクロウ』（平凡社）で第9回土門拳賞、1995年『死』（平凡社）で日本写真協会賞年度賞、同書と『アニマル黙示録』（講談社）で講談社出版文化賞受賞。ほか、著作多数。

Key Person Interview II

カラス友の会主宰
吉野かぁこさん

全国のカラス愛好家が集う「カラス友の会」。「カラスの日（*）」制定の立役者でもあります。主宰の吉野さんにお話をうかがいました。

——「カラス友の会」はどういった流れで発足したのですか？

もともと私はカラスがいる道を迂回したために会社に遅刻するほどの「カラス恐怖症」でした。30歳のときそれを克服することを決意して、カラスと人間の「愛の現場」を見ればカラスのいいところが見つかるはず、とTwitterなどでカラスを保護している施設や人を探しまくったんですね。そして実際に保護カラスに会ってみたところ、初めて近くで見るカラスのつぶらな瞳や、くちばしにご飯粒をつけたままのあどけなさ、手からやさしくピザ用チーズをついばむ感触などにすっかりヤラレてしまいました。「話し合えばわかる」人間味に似たものを感じたのが大きかったかもしれません。

そこから俄然カラスに興味を持ち、カラスのコミュニティを探したんですが、ブログのコメント欄やSNSのスレッド以外にそれらしきものがなくて。「だったらとりあえず作っちゃおう」ということで、同じくカラス好きの男性（野良武士さんという芸人さん）と2013年、見切り発車的に「カラス友の会」を立ち上げました。現在会員は、北は北海道から南は沖縄まで約140名です。会では、日本初とされるカラス雑誌『CROW'S（クロース）』（→P136）の発行、「カラスの日」などに合わせて年に1、2回イベントを開催しています。イベントで出会った愛好家さん同士がその後交流を深めたりされているのがうれしいですね。

——「カラス友の会」の今後のご予定、目標などをお聞かせいただけますか。

2018年も9月に「カラスの日」イベントを開催したいと考えています。そこに合わせて『CROW'S』5号発行とカラス写真展（→P136）を開催するのが理想ですが、時期や詳細はまだ未定です。

長期的な夢としては、カラスの魅力をいつでも感じてもらえる常設ギャラリーを作りたいですね。カラスは日本画やアート作品でもモチーフにされているのでその作品を置いたり、本物の巣や構造色の美しい羽根なども飾りたいです。ボタンを押すといろいろな意味の鳴き声の出る機械とかも面白いと思います。

* カラスを讃え、その魅力を広く伝える機会として、また、カラスを愛するすべての人にエールを送る日として「カラス友の会」の主導により制定。9月6日とされたのは、カラスは英語でcrow（クロウ＝96）であること、黒（くろ＝96）い体色との語呂合わせから。一般社団法人日本記念日協会への登録は、クラウドファンディングも利用し、2016年1月5日に実現。

Profile
よしのかぁこ
「カラス友の会」主宰、カラス雑誌『CROW'S（クロース）』発行人。いつかカラスと会話できる日を夢見て、ハシブトガラスの鳴きマネ修行中。ペンネーム吉野歩で、ライター活動も行う。
「カラス友の会」公式サイトhttp://karasu.petit.cc/

Books

❶『カラスの教科書』(講談社文庫)
松原始 著
2016年／講談社

カラス研究に勤しむ気鋭の動物行動学者、松原始先生のデビュー作。嫌われがちなカラスの生態をカラス寄りに解説、読後カラス派に転じた人多数のカラス族必読の書。松原節がさらに加速する続編『カラスの補習授業』(雷鳥社)も合わせてどうぞ。

❷『カラス屋の双眼鏡』
(ハルキ文庫)
松原始 著
2017年／角川春樹事務所

鳥、ムシ、けもの、微生物……気になるのはカラスだけじゃない！好奇心のおもむくまま身のまわりのすべての生き物を観察、彼らへの親しみをこめてユーモアいっぱいに綴られる人気動物行動学者の日々。知らない世界を見つけるヒントがここに。

❸『カラスの自然史』
樋口広芳・黒沢令子 編
2010年／北海道大学出版会

18人の研究者がカラスをさまざまな角度から紹介。第Ⅰ部ではカラス科の系統関係、第Ⅱ部では生息環境と環境利用、第Ⅲ部ではカラスの食性、採食行動とその影響、第Ⅳ部ではカラスの社会性や文化、認知能力など、カラスに関する興味深い知見が満載。

❹『カラスのひみつ (楽しい調べ学習シリーズ)』
松原始 監修
2014年／PHP研究所

カラスの生態やからだのつくり、カラスと共存していくための知恵などを、イラスト、写真を用いて紹介する丸ごと一冊カラスのビジュアル図鑑。種類や特徴の紹介はリアルな細密画、行動や生態の説明は楽しいタッチのイラストでわかりやすい。

❺『カラスのジョーシキってなんだ？(おもしろ生き物研究)』
柴田佳秀 文、マツダユカ 絵
2018年／子どもの未来社

カラスに関する著書も多い、科学ジャーナリスト柴田佳秀によるカラス雑学読本。ハシブトガラスのカーキがカラスのジョーシキを教えてくれる。鳥類をモチーフにした作品の多いマツダユカの表情豊かなイラストが絶妙。大人も夢中になる一冊。

❻『道具を使うカラスの物語 生物界随一の頭脳をもつ鳥 カレドニアガラス』パメラ・S.・ターナー 著、アンディ・コミンズ 撮影、杉田昭栄 監訳、須部宗生 翻訳／2018年／緑書房

南太平洋のニューカレドニアに棲むカレドニアガラスは道具を使うのみならず独自の道具を作り、改良する知能の持ち主。その様子やカラス研究者のギャビン・ハントとそのチームの活動をノンフィクション作家らが取材、美しい写真とともに紹介する。

❼『カラスのお宅拝見！ (Deep Nature Photo Book)』
宮崎学 著
2009年／新樹社

「どうやって撮ったの？」な写真にまずびっくり。北海道から九州まで、日本各所のカラスの巣を約100個紹介。それらの観察を通じて野鳥の底知れない能力を感じ、日本の人間社会や環境を垣間見ることのできる「百聞は一見に如かず」な写真集。

❽『本当に美味しいカラス料理の本』
塚原直樹 著
2017年／SPP出版

カラスの解剖学、行動学を15年以上研究してきた著者による、カラスを美味しくいただくためのノウハウ本。カラスの栄養源としての魅力、安全に食すための処理、美味しく調理するための仕込みなど、独自のメソッドを惜しむことなく伝授している。

❾『太郎さんとカラス』
岡本敏子 著
2004年／アートン

岡本太郎はカラスと暮らしていた！人に馴れず、孤独でも平然としているカラスのガア公を究極の友とした、独立独歩で知られる芸術家。その公私にわたるパートナーだった岡本敏子が両者を振り返る。太郎のエッセー、対談、語録、写真などを収録。

カラスのことならナンでもマガジン『CROW'S』って知ってるカァ？

前ページにご登場いただいた「カラス友の会」主宰の吉野かぁこさんが編集発行人を務めるのが『CROW'S (クロース)』。雑食で、興味のあるものは何でもつついてしまうカラス同様、「カラスに関することならなんでもウエルカム」なプチ雑誌です。気になる中身は、カラスと人のツーショットグラビア、生態の不思議の紹介コーナー、グッズ紹介、創作話、専門家の先生の寄稿、カラスと暮らす人などなど、力の入った企画がぎっしり。読者はカラス愛好家のほか、「昔カラスを飼っていた」という祖父母への励ましギフトとしてお求めの方もいたとか。

その『CROW'S』主催で2014年、2017年に開催されたのが「みんなの！カラス写真アワード」。応募作の中から選ばれた優秀作は『CROW'S』に掲載されましたが、「大きなサイズでこそ映える力作の魅力を小さい (A5判) 誌面で表現できず、残念な想いをした」吉野さんは、伸び伸びしたサイズ (できれば等身大！) で展示できるよう、現在写真展を構想中。2018年9月の「カラスの日」イベントに近い時期に実現するかも？

❶ カラスの教科書 松原始

❷ カラス屋の双眼鏡 松原始

❸
カラスの自然史 〔系統から遊び行動まで〕

❹ カラスのひみつ 生態と行動のふしぎをさぐろう

❺
カラスのジョーシキってなんだ？

❻
道具を使うカラスの物語 生物界随一の頭脳をもつ鳥 カレドニアガラス

❼
カラスのお宅拝見！ 宮崎学

❽
本当に美味しいカラス料理の本
豊富な鉄分とタウリン、明日の活力！ カラス食

❾
太郎さんとカラス 岡本敏子

『CROW'S』VOL.1〜4 発売中　※売り切れの場合あり。
https://karasutomonokai.stores.jp/

吉野かぁこさんの「わたしの！カラス写真」＆コメント

代々木公園にて、春を待つカップル。撮影は２月ごろでしたが、枝の上や芝の上など場所をかえながらもずっと寄り添っていました。カラス夫婦のきずなの深さを感じます

Various Goods

マスコット

表情豊かな野鳥モチーフ作品が人気の羊毛フェルトアーティストのモリタさん。左写真の左から、羊毛ハシボソガラスマスコット（小）／羊毛ハシブトガラスマスコット（小）。くちばしとおでこの形、ボソのほうがブトより気持ち小柄といった特徴をばっちり押さえた造形はさすが。https://minne.com/@morimomorita

リング

シール

カラス友の会のオリジナルグッズ「切手みたいなカラスシール」。名前のとおり、カラスの日常が切手風シールになりました。あしらわれた数字の「96」は、言わずもがなのクロー（CROW）！
https://karasutomonokai.stores.jp/

日本の美しい生き物をアクセサリーとして表現するアクセサリーブランド Nina のハシブトガラスのリング。羽が指を包み込むデザインで、カラーはブルーにもパープルにも見える構造色ならではの特殊な色彩をできるだけ再現しています。http://nina2014.com/

ミニチュア

ミニチュア作家の花鳥珍（はなちょうちん）さんの主なモチーフは野鳥やペット。石塑粘土で造形し、絵付けをしてニスで仕上げる作品はみんな、ポーズもシチュエーションもかわいくてユーモラス♪　写真左から、畑でスイカをゲット！ハシブトガラス／ハシブトガラスさんの巣／ハシブトガラスのヒナ／高級柿の段ボールを見つめるカラス　https://minne.com/@87chouchin

ブローチ

刺繍アーティストの petite Rilke さんが手掛けるのは、見ていると心がほっこりするちいさな動物たち。ブローチなので、お気に入りアイテムにつけてどこにでも連れていけるのがうれしい。カラスちゃん＊刺繍ブローチ2種　https://minne.com/@petite-rilke/

ヤタガラスに縁のある社でいただける授与品に注目！

　熊野権現は、熊野三山（熊野本宮大社、熊野速玉大社、熊野那智大社）のほか日本全国の約3000社に祀られています。それらの社では神の使いとされているヤタガラス（八咫烏）の絵馬やお守りなどその姿を描いたり象ったりした授与品をいただけることがあります。ヤタガラスはまた日本サッカー協会のシンボルマークなどのモチーフでもあり、サッカー関係者の参拝も多いのだとか。そのほか、京都の上賀茂神社の八咫烏みくじ、東京・府中の大國魂神社のすもも祭で頒布されるからす団扇、からす扇子なども大人気です。

写真は新宿十二社熊野神社でいただけるお守り。

Staff Comments

写真担当　宮本桂

――まず、宮本さんがカラスを撮影されるようになったきっかけから――。

　普段からツバメを撮っていたのでカラスはその天敵というかたちで意識し始めました。ただ、カラス憎しというわけではなく、お互いの駆け引きを興味深く観察しています。

――それまでカラスにはどんなイメージを持たれていましたか？

　最初は賢い害鳥という皆さんが持つイメージと大差ありませんでした。自宅近くにカラスが来ていたのもツバメのヒナを狙っていると思っていたのですが、観察しているうちにいろいろな物を食べたり隠したりしていることに気づきました。ゴミを荒らすことについては、同じ市内でも荒らされる場所とそうでない場所があり、先の話も含めて食べ物を得る方法の幅広さには驚かされるばかりです。

　また、カラス同士の羽づくろいを見かけたり、巣立ち後の幼鳥が親に近くで生活しており餌をねだったりしている場面を見かけるので、家族関係が想像しやすい鳥だと思いました。

――宮本さんは多くの野鳥を撮影されていますが、被写体としての印象は？

　基本的に暗い色なのに反射が強い角度があるので、カメラの設定がめまぐるしく変わる忙しい種です。

　生態的なことであれば、社会性と勤勉さを感じる鳥という印象です。

――カラスを撮られていて面白いのはどういった点でしょう。

　普段の生活で彼らが何に興味を持つかがわからないので、面白い場面しかありません。他の鳥を見に行ったのにカラスがいると、ついついその姿を追ってしまいますね。

宮本桂さんの私の一枚＆コメント

風に飛ばされてくる砂の中で瞬膜を閉じている場面です。人間の目の高さまでは砂は飛んでおらず、視点を鳥に合わせる大切さを感じました

Profile
みやもとかつら

職業カメラマンとして人物、動物などの撮影を行いながら、野鳥写真家としても活動。Amazon Kindle ストアにてツバメの写真集『BARN SWALLOWS』を販売中。共著に『にっぽんスズメ散歩』（カンゼン）がある。Twitterではアカウント名「宮本 桂」でさまざまな野鳥の写真を投稿、高い人気を博している。http://www.miyamotostudio.portfoliobox.me/

「カラスと私」

イラスト担当　大橋裕之

　カラスについて考えてみると、「カッコいい」「怖い」「賢い」「寂しい」など、意外と多くのイメージが浮かぶことに気づきました。ここまでさまざまな印象を持たせる鳥もなかなかいないような気がします。

　突然ですが、カラスについての情報を思いつくままに書いてみたいと思います。

　小学生のころ、実家のトイレに貼ってあった東海3県の地図（生まれが愛知なので）の三重県辺りに、香良洲（からす）という地名がありまして、僕はトイレに入るたびに、その字面を見つめながらかっこいいなあと思ってました。

　あと、歌詞の中に「カラス」が登場する曲で好きなのは、カーネーションの「Strange Days」と小坂忠の「からす」です。
　お笑い芸人のピースの又吉直樹さんが作ったフットサルチームのチーム名は「鴉（からす）」です。
　昔から、カラスの鳴き声がアニメ「ドラえもん」に出てくるスネ夫の声に似ていると思っていたので、ネットで検索してみたところ、同じように思っている人がたくさんいました。

　矢継ぎ早にすみません。
　これからもカラスについて考えてみようと思います。

Profile
おおはしひろゆき

漫画家。1980年生まれ。愛知県蒲郡市出身。2005年から『謎漫画作品集』、『音楽』、『週刊オオハシ』全10巻（2006年～）などの自費出版漫画で本格的な活動を開始。現在、『TV Bros.』（東京ニュース通信社）、『EYESCREAM』（音楽と人）、『CDジャーナル』（音楽出版社）、『フットボール批評』（カンゼン）、WEBマガジン『トーチweb』などで連載している。単行本『シティライツ』全3巻（講談社）、『音楽と漫画』（太田出版）、『夏の手』（幻冬舎）、『遠浅の部屋』『ザ・サッカー』『ノッキA』『ノッキB』（カンゼン）、『太郎は水になりたかった』1・2巻（リイド社）ほかが発売中。2018年4月に『シティライツ完全版』上・下巻（カンゼン）が発売予定。

おわりに

　カラスのビジュアルに魅せられていた全国のカラスファンの皆様、お待たせしました。まさかの写真集です。宮本桂さんの美しい写真のおかげです。この写真は2008年から2017年にかけて神奈川県と三重県で撮影されたもので、開けた場所を含むせいもあり、ハシボソガラスが多めになっています。ハシボソさんの歩いている姿はとても好きですが、カラスの比率は環境によって違います。皆さんのお住まいの地域ではどちらが多いか、比べてみるのも一興でしょう。

　さらに中村眞樹子さん、宮崎学さん、吉野かぁこ会長にもご協力いただき、大変に贅沢な仕様となっております。美しく、興味深く、かわいく、カッコいい。そして時々、おバカ。そんなカラスの魅力が詰まった本になっていれば、と思います。

松原始

監修・著者紹介

松原 始（まつばら はじめ）

1969年奈良県生まれ。京都大学理学部卒業。同大学院理学研究科博士課程修了。京都大学理学博士。専門は動物行動学。東京大学総合研究博物館勤務。研究テーマはカラスの生態、行動と進化。著書に『カラスの教科書』（講談社文庫）、『カラスの補習授業』（雷鳥社）、『カラス屋の双眼鏡』（ハルキ文庫）、『カラスと京都』（旅するミシン店）。監修書に『カラスのひみつ（楽しい調べ学習シリーズ）』（PHP研究所）、『にっぽんカラス遊戯 スーパービジュアル版』（カンゼン）がある。

主要参考文献

『カラスの自然史』2010 ／樋口広芳・黒沢令子 編　北海道大学出版会
『カラスはどれほど賢いか―都市鳥の適応戦略』1988 ／唐沢孝一　中公新書
『カラスの常識』2007 ／柴田佳秀　寺子屋新書
『カラスのジョーシキってなんだ？（おもしろ生き物研究）』2018 ／柴田佳秀 文　マツダユカ 絵　子どもの未来社
『カラスはなぜ東京が好きなのか』2006 ／松田道生　平凡社
『カラス、なぜ襲う』2000 ／松田道生　河出書房新社
『カラス、どこが悪い!?』2000 ／樋口広芳・森下英美子　小学館文庫
『世界一賢い鳥、カラスの科学』2013 ／ジョン・マーズラフ、トニー・エンジェル　東郷えりか 訳　河出書房新社
The Jungle Crows of Tokyo 1990. N. Kuroda. Yamashina Institute for Ornithology, Tokyo.
『ワタリガラスの謎』1995 ／バーンド・ハインリッチ　渡辺政隆 訳　どうぶつ社
Mind of the Raven. 2000. B. Heinrich. Harper Collins, New York.
Crows of the World Second Edition. 1986. D. Goodwin. British Museum, London.
Crows and Jays. 1993. Steve Madge & Hilary Burn. Houghton Mifflin, Boston.
Crows. 2005. Candace Savage. Greystone Books.
『ソロモンの指環―動物行動学入門』1987 ／コンラート・ローレンツ　日高敏隆 訳　早川書房

STAFF

企画・編集	ポンプラボ
写真	宮本 桂
イラスト	大橋 裕之
ブックデザイン	大森 由美（ニコ）
構成	立花 律子（ポンプラボ）
編集	森 哲也（カンゼン）

Special Thanks

中村 眞樹子
宮崎 学
吉野 かぁこ

にっぽんのカラス

発行日	2018年4月24日　初版 2022年5月14日　第3刷　発行
監修・著者	松原 始
発行人	坪井 義哉
発行所	株式会社カンゼン 〒101-0021 東京都千代田区外神田2-7-1 開花ビル TEL:03(5295)7723　FAX:03(5295)7725
郵便振替	00150-7-130339
印刷・製本	株式会社シナノ

万一、落丁、乱丁などがありましたら、お取り替え致します。
本書の写真、記事、データの無断転載、複写、放映は、著作権の侵害となり、禁じております。
ISBN978-4-86255-464-2
定価はカバーに表示してあります。
ご意見、ご感想に関しましては、kanso@kanzen.jpまでEメールにてお寄せ下さい。
お待ちしております。